SCHWERTRANSPORTE
Starke Trucks, große Lasten

Joachim M. Köstnick

Motor buch Verlag

IMPRESSUM

Einbandgestaltung: Luis dos Santos unter Verwendung von Fotos der Technik Museen Sinsheim Speyer und der Volvo Group (Mack).

ISBN 978-3-613-04652-8

1. Auflage 2024

Sie finden uns im Internet unter
WWW.MOTORBUCH-VERLAG.DE

Lektorat: M. Gollnick/J. Kuch/G. Otto/B. Keidel
Innengestaltung: Luis dos Santos
Druck und Bindung: DZS GRAFIK d.o.o, 1210 Ljubljana, Slovenia

INHALT

LUIJENDIJK VAN DER WAL
92-BTH-5
UITZONDERLIJK VERVOER
NOOTEBOOM

VORWORT

HIER KOMMT GROSSES AUF UNS ZU

Einmal mehr haben ich den Versuch unternommen, ein Kapitel Fahrzeuggeschichte zwischen zwei Buchdeckel zu pressen, wohl wissend, dass dieses Buch dem Thema damit bestenfalls ansatzweise gerecht werden kann. Immerhin dürfte es, über den Daumen gepeilt, seit 1896 Daimler seinen ersten Lastwagen baute, international rund 3500 Lastwagenhersteller gegeben haben, von denen nur die wenigsten bis heute überlebt haben oder zumindest noch bekannt sind. Und diese Lastwagen gab es in unzähligen Ausführungen und Formen und für alle möglichen Einsatzzwecke: Koffer- und Pritschen-Lkw, Lastwagen für Nah- und Fernverkehr, Kipper und Kommunalausführungen – und eben auch Spezialausführungen für Schwertransporte.

Doch solche Schwerlasttransporter werden in größerer Serie erst seit zwei Jahrzehnten gebaut. Zuvor entstanden solche Maschinen nach Kundenwunsch bei Spezialfahrzeugherstellern oder in den Werkstätten der mit dem Transport betrauten Spezialfirmen. Mitunter waren diese auch gar nicht für den öffentlichen Straßenverkehr zugelassen und durften nur auf dem Gelände der Minenbetreiber, bei der Erdölindustrie oder in Privatwäldern fahren. Das hat sich geändert, viele großen Hersteller haben in ihrem Portfolio inzwischen Schwerlastzugmaschinen im Angebot, auch wenn diese normalerweise bei Spezialfahrzeugbauern entstehen.

Der Nutzfahrzeugmarkt selbst wird von einer Handvoll großer Konzerne beherrscht: Daimler Truck, Traton (bekannteste Vertreter ist MAN), Iveco, Volvo Truck und PACCAR (DAF).

Der erste Teil dieses Buches gibt einen groben Überblick über die schweren Lastwagen der heute weltweit agierenden Konzernmarken. Aus diesem Grund fehlen hier auch ostasiatische Hersteller wie Tata, CHNTC oder Dongfeng, denn (noch) sind diese nicht weltweit am Start. Das dürfte aber nicht mehr allzu lange dauern. Und der Konzentrationsprozess geht weiter, im Mai 2023 wurde bekannt, dass Daimler Truck Holding, Mitsubishi Fuso Truck & Bus, Hino Motors und die Toyota Motor Corporation kooperieren oder fusionieren wollten.

Daher wird, wer eine lückenlose Modellübersicht über die Lastwagen der Welt erwartet, zwangsläufig enttäuscht werden: Es ist schlichtweg unmöglich, alle Fahrzeuge und Modelle vorzustellen, selbst wenn, so wie hier, sich alles »nur« um die schweren Baureihen dreht. Auch die Entscheidung, welche Marke denn in welchem Umfang berücksichtigt werden sollte, gestaltete sich schwierig. Aber so ist es ja bei solchen Büchern immer: Die Auswahl ist zwangsläufig subjektiv, und dabei ist doch schon eine richtige Auswahl die halbe Miete. Für dieses Buchprojekt bedeutete das: Nicht unbedingt nur Mercedes-Benz und Co., nicht nur Iveco und MAN, nicht nur Mack und Freightliner, nicht nur die üblichen Ver-

dächtigen, sondern unbekannte Firmen, neue Aspekte, ungewöhnliche Perspektiven: Dieses Buch sollte sich von anderen, ähnlich gelagerten Büchern dadurch abheben, dass auch eher unbekannte Spezialfahrzeuge und Sonderkonstruktionen vorgestellt werden, die nur zum Einsatz kommen, wenn es schwerste Lasten zu schultern gilt.

Und es gibt viele solcher Transportaufgaben und -fahrzeuge, die ich gerne viel intensiver beleuchtet hätte, angefangen bei den schweren Militärfahrzeugen (denn das Militär benötigte für seine Panzer schon früh geeignete Transport- und Zugfahrzeuge) über die Fahrzeuge für Berg- und Tagebau bis hin zum schweren Gerät, das für die Erschließung von Erdöl- und Ergasvorkommen benötigt wurde.

Leider werden hier auch alle Freunde bürokratischer Verfahren kaum auf ihre Kosten kommen. Innerhalb des vom Umfang vorgegebenen Rahmens konnte ich – und der Verzicht fiel leicht – auch nicht auf das komplizierte Regelwerk, das ein solcher Schwertransport im Vorfeld erfordert (und viele Schwerlastunternehmen zur Verzweiflung bringt) eingehen.

Doch weil hier andererseits auch ein Überblick über die längsten Lkw-Kombinationen weltweit geboten wird, ging es dann doch nicht ganz ohne ab: Während im dicht besiedelten Europa heftig über Lang-Lkw und Gigaliner noch immer diskutiert wird, ist man auf anderen Kontinenten schon wesentlich weiter – wie die australischen Roadtrains eindrucksvoll beweisen.

Doch ob Gigaliner, Roadtrains oder Turnpike Doubles: Manche Lasten sind zu groß und zu schwer auch für den längsten Lkw. Für solche Großraum- und Schwerguttransporte braucht es besonderes Gerät, Transportplattformen sowie Schwerlastzugmaschinen – und Profis, die damit virtuos umgehen können.

Ihnen und der Präzisionsarbeit, die sie leisten, gebührt unser aller Respekt.

JOACHIM M. KÖSTNICK

Den Markt an schweren Lkw haben einige wenige Konzerne unter sich aufgeteilt. Allerdings drängen zunehmend chinesische Marken auf den Weltmarkt. (Foto: © Automedienportal.net / ETM)

DAIMLER TRUCK AG

Nachdem die Marken Daimler und Benz 1926 fusionierten, wurden die bisherigen Benz-Lkw eingestellt, denn die Dieselmotoren der Daimler Motoren Gesellschaft waren besser. Gebaut wurden diese aber in den ehemaligen Benz-Werken Mannheim und Gaggenau. Erst Jahrzehnte später wurden beide Standorte im Lkw-Werk Wörth zusammengeführt. Die heutige Daimler Truck AG ist einer der weltweit größten Nutzfahrzeug-Hersteller. Die verschiedenen Unternehmen der Gruppe beschäftigen mehr als 100.000 Mitarbeiterinnen und Mitarbeiter. In globalem Verbund werden Lkw und Busse entwickelt und gebaut, die unter den Marken Freightliner, Thomas Built Buses, Western Star, Mercedes-Benz, FUSO, BharatBenz, RIZON und Setra vertrieben werden.

Im Bereich der Baufahrzeuge setzte Daimler-Benz Anfang der Siebziger auf einen Mix aus Mercedes- und Henschel-Technik. (Foto: © Hersteller)

Zwischen 1977 und 1984 gerhörte auch die US-Marke Euclid zum Daimler-Benz-Imperium. (Foto: © Hersteller)

Die Zukunft fährt elektrisch: Im Dezember 2023 gingen die ersten eActros im Lkw-Werk Wörth an die Speditionen. (Foto: © Hersteller)

DAIMLER TRUCK AG

FREIGHTLINER (USA)

Im Jahr 1929 gründete Leyland James zusammen mit einigen Mitstreitern in Orgeon das Frachtdienst- und Logistikunternehmen »Consolidated Freightways« (CF). Da die eingesetzten schweren Trucks sich im bergigen Gelände im Westen der USA nicht sehr bewährten, beschloss James, eigene Class-8-Laster zu bauen. Als Basis verwendete er die Fahrgestelle von älteren Fageol-Lastwagen. Zu Beginn der 40er Jahre stellte Freightways seine ersten Frontlenkermodelle fertig und führte für sie den Markennamen »Freightliner« ein. Um Gewicht zu sparen, wurde die Kabine etwa des Modells 600 von 1942 ganz in Aluminium gehalten. Für Vortrieb sorgte ein Diesel von Cummins. Freightways nutzte diese in Salt Lake City hergestellten Laster lediglich für die eigene Flotte. Kriegsbedingt war dann sowieso erst einmal Schluss mit der Lkw-Produktion. Ab 1947 setzte CF die Produktion seiner Trucks in Portland, Orgeon, fort, diesmal aber um diese auch zu verkaufen. Das neu gegründete Unternehmen hieß »Freightliner Corporation«. Die ersten Modelle griffen das Design der Frontlenker von Freightways mit dem typischen »Bubbelnose«-Gesicht wieder auf. Verfügte noch das 262 PS starke 5-Tonner-Modell 800 im Jahr 1947 nur über eine Tageskabine, erhielt 1950 der Typ 900 als Novum bereits eine integrierte Schlafkabine.

Die Kooperation mit White

Freightliner-Trucks hatten durch ihre Leichtbauweise den Vorteil einer etwas höheren Nutzlast gegenüber ihren Mitbewerbern, aber die Portlander besaßen kein ausreichendes Vertriebsnetz. Deshalb holte man sich 1951 die White Motor Company mit ins Boot. Mit ihr schloss Freightliner einen über 25 Jahre laufenden Vertrag, was zum Markennamen »White Freightliner« führte. Die Absatzzahlen wiesen bald steil in die Höhe. Bereits 1950 war die Zugmaschine Eastern Freightliner B-42 vorgestellt worden, drei Jahre später erschien als Reaktion auf die damaligen strengen Längenbeschränkungen in den USA (18,29 Meter Gesamtlänge) der dreiachsige WF 64 mit 1,22 Meter (!) langer Frontlenkerkabine, bei dem die Schlafkabine oben auf dem Fahrerhausdach platziert war. Ein Jahr später erschien der »Mountaineer«, eine Zugmaschine, deren erste und dritte Achse angetrieben waren. 1958 führte Freightliner die Kippkabine ein. Die stürmische Nachfrage führte zur Eröffnung weiterer Werke, darunter auch in Kanada, denn wegen der Gesetzgebung dort war eine Vor-Ort-Produktion günstiger.

Die Krisen der Siebziger

Doch die Energiekrise der 70er Jahre setzte vor allem den schweren Class-8-Lastern zu, die Freightliners Modellpalette prägten. Zudem geriet Vertragspartner White

Daimler-Benz stieg Anfang der Achtziger bei Freightliner ein. Dieses Bild von 1982 zeigt die neuen Markengeschwister; Mercedes SK 1633 SS, Freightliner FLT und FLC. (Foto: © Hersteller)

Dieser Freightliner Classic XL kommt mit extra großer Fahrerkabine, die aus dem Truck quasi ein Heim auf Rädern macht.
(Foto: © Mark Holloway, CC-BY-2.0)

Der Coronado kann mit Detroit-Diesel-Motoren und Cummins ISX15 bestückt werden. Die große Schlafkabine dient als »Wohnzimmer«, hat Mikrowelle, Kühlschrank, Fernseher, zwei Sitze und Tisch.
(Foto: © Frank Deanrdo, CC-BY-2.0)

Imposant beleuchteter Freightliner-Truck im Einsatz als Weihnachtslaster für den Getränkehersteller Coca-Cola.
(Foto: © Stengaard, CC-BY-SA-3.0)

Der Frontlenker Freightliner FLT 8664 war serienmäßig mit dem Motor Cummins NTC 290 ausgestattet. Bei 525 PS lag seine Leistungsgrenze. Es gab nicht weniger als 24 verschiedene Lackierungen für ihn. (Foto: © order 242, CC-BY-SA-2.0)

Freightliner-Sattelschlepper mit Tankauflieger der Spedition SS Hert aus Kalifornien. (Foto: © Mark Holloway, CC-BY-2.0)

Im Mai 2024 präsentierte Daimler Truck mit dem Freightliner eCascadia einen autonomen Technologieträger. Der Lkw basiert auf dem nordamerikanischen Serienmodell des Freightliner eCascadia und ist mit autonomer Fahrsoftware und entsprechender Sensorik ausgestattet. (Foto: © Hersteller)

Mittelklasse-Freightliner-Truck als mobile Einsatzzentrale des County-Sheriffs von Los Angeles. (Foto: © Eric Polk, CC-BY-SA-3.0)

Ziwschen 1995 und 2005 gehörte Feuerwehrbauer American La France zu Freightliner. Aus dieser Zeit stammt dieses M2-LFZ mit Mannschaftskabine auf Basis der mittelschweren Business Class. (Foto: © Hersteller)

selbst in finanzielle Schieflage. Freightliner übernahm daraufhin den Vertrieb und weitete nach 1976 die Modellpalette aus. Doch Ende des Jahrzehnts geriet man selbst in ernsthafte Schwierigkeiten und wurde durch Daimler-Benz übernommen. Der Programmumbau führte 1987 zu der FLD-Reihe, die bald zu den bestverkauften Class-8-Haubern gehörte. 1992 war Freightliner endgültig über dem Berg: Pünktlich zum 50-jährigen Jubiläum war das Unternehmen in den USA Marktführer bei den schweren Trucks über 15 Tonnen. Und die Expansion ging weiter: Mitte der 90er Jahre schluckte Freightliner mit »American La France« den ältesten Feuerwehrgerätehersteller der USA, übernahm 1998 das schwere Lkw-Programm von Ford und führte es unter dem Markennamen »Sterling« dann weiter. Im Jahr 2000 kaufte Mutterkonzern Daimler den bisherigen Konkurrenten Western Star ebenso auf wie den Motorenhersteller Detroit Diesel. Auch wenn Sterling inzwischen wieder eingestellt wurde: Das Unternehmen ist der in den USA mit Abstand größte Hersteller von schweren Trucks. Seit 2007 firmiert die »Freightliner LLC« unter »Daimler Trucks North America«.

Elektrisch in die Zukunft

Aktuelles Flaggschiff des Konzerns ist der branchenführende batterieelektrische Freightliner eCascadia, der 2022 auf den Markt kam und zunächst bei Kunden in mehr als 55 Flotten in den USA erprobt wurde. Zu haben in verschiedenen Batterie- und Antriebsachsenoptionen liegt die Reichweite zwischen 155 und 230 Meilen. Der E-Antrieb stammt von Detroit Diesel.

Auch die Marke Sterling – hier ein 6x4 der A-Line von 1999 – gehörte zu Freightliner. (Foto: © Hersteller)

DAIMLER TRUCK AG

FUSO (J)

Als Schifffahrtslinie 1870 gegründet und bis zur Jahrhundertwende zum größten japanischen Industriekonzern aufgestiegen, stellte die »Mitsubishi Shipbuilding & Engineering Co. Ltd« 1917 das erste Mitsubishi-Automobil auf die Räder, das Modell A. Anfang der Zwanziger begann Mitsubishi mit dem Bau von leichten Lkws bis zu 2,5 Tonnen Nutzlast in kleinen Stückzahlen und nach ausländischen Vorbildern. Eine Großserienfertigung von Nutzfahrzeugen begann erst 1930. Zuerst konzentrierte sich die Produktion auf Busse, doch Mitte der Dreißiger erschienen auch Lastwagen, von der Armee gefördert, mit bis zu drei Tonnen Zuladung.
1946 wurden zunächst der schwere Kriegs-Hauber KT1, ein Viertonner, und die B1-Busse wieder aufgelegt, jeweils mit 120-PS-Benzinmotor. Sprit war aber knapp, was dazu führte, dass Mitsubishi mit Hochdruck an einem Dieselmotor arbeitete. 1948 lief der DB0-Diesel, ein wassergekühlter Sechszylinder mit 100 PS, der den Grundstein legte für eine lange Reihe von Dieseln und die schweren Hauber mit sechs bis sieben Tonnen Nutzlast antrieb. Im Zuge der Neuordnung der Nachkriegsgesellschaft wurde der Mitsubishi-Konzern 1951 zerschlagen und der Fahrzeugbereich in zwei Unternehmen aufgeteilt. Das eine baute leichte Nutzfahrzeuge und ab 1953 den Willys-Jeep in Lizenz, später – nach 1958 – dann die leichte Jupiter-Reihe mit bis zu 4,5 Tonnen. Alles, was darüber lag, war Sache der Mitsubishi Nippon Heavy Industries, die unter der Bezeichnung »Fuso« firmierte und 1951 die Hauber der T31-Serie auf den Markt brachte. Parallel dazu wurde mit der W-Serie die Basis gelegt für den Spezialfahrzeugbau von Mitsubishi, für Zwei- und Dreiachs-Kipper, 6x6-Muldenkipper und Sattelzugmaschinen, Feuerwehrfahrzeuge und Mobilkräne.

»Mitsubishi Fuso« wuchs weiter, bot 1959 mit dem T380 Japans ersten schweren Frontlenker an und stattete diese schon in den frühen Sechzigern mit Kippkabine aus. Je nach Konfiguration stieg das zulässige Gesamtgewicht auf bis zu 32,6 Tonnen. Erfolgreicher war man aber in der leichteren Klasse, die Frontlenker-Baureihe Canter kam 1962 auf den Markt, zehn Jahre später machte der Canter die erste Million voll, 1972 erschien die erste Fernverkehrs-Zugmaschine. Anfang der Siebziger erwarb die Chrysler Corporation einen 15-prozentigen Anteil an Mitsubish. 1998 erfolgte die Fusion von Chrysler mit Daimler-Benz zur DaimlerChrysler, noch vor der Trennung der beiden Partner 2007 übernahmen die Stuttgarter 2003 die Anteilsmehrheit an der Lkw-Sparte von Mitsubishi und führten diese als eigenständige Marke weiter. Mitsubishi Fuso ist vor allem im Pazifikraum eine feste Größe, lediglich der Canter wird von Mercedes auch in Europa angeboten.

Mitsubishis Jupiter war der erste japanische Lkw im Segment von 2,5 bis 4 Tonnen. Die ersten Modelle (je nach Nutzlast als T10 oder T11 bezeichnet) hatten im Grunde genommen den auf Dieselbetrieb umgebauten Benzin-Motor des Willys-Jeep. (Foto: © Hersteller)

Im Oktober 2023 präsentierte Daimler Truck Tochter FUSO den Schwerlast-Lkw Super Great. Er nutzt die globale Plattform für schwere Lkw und hat einen vom OM471 abgeleiteten Sechszylinder mit 12,8 Litern Hubraum. (Foto: © Hersteller)

Ein Mitsubishi Fuso Super Great als Flugfeldtanker für 20.000 Liter auf der Luftwaffenbasis Iwakuni. Im Hintergrund steht eine US-2 ShinMaywa. (Foto: © Hunini, CC-BY-SA-4.0)

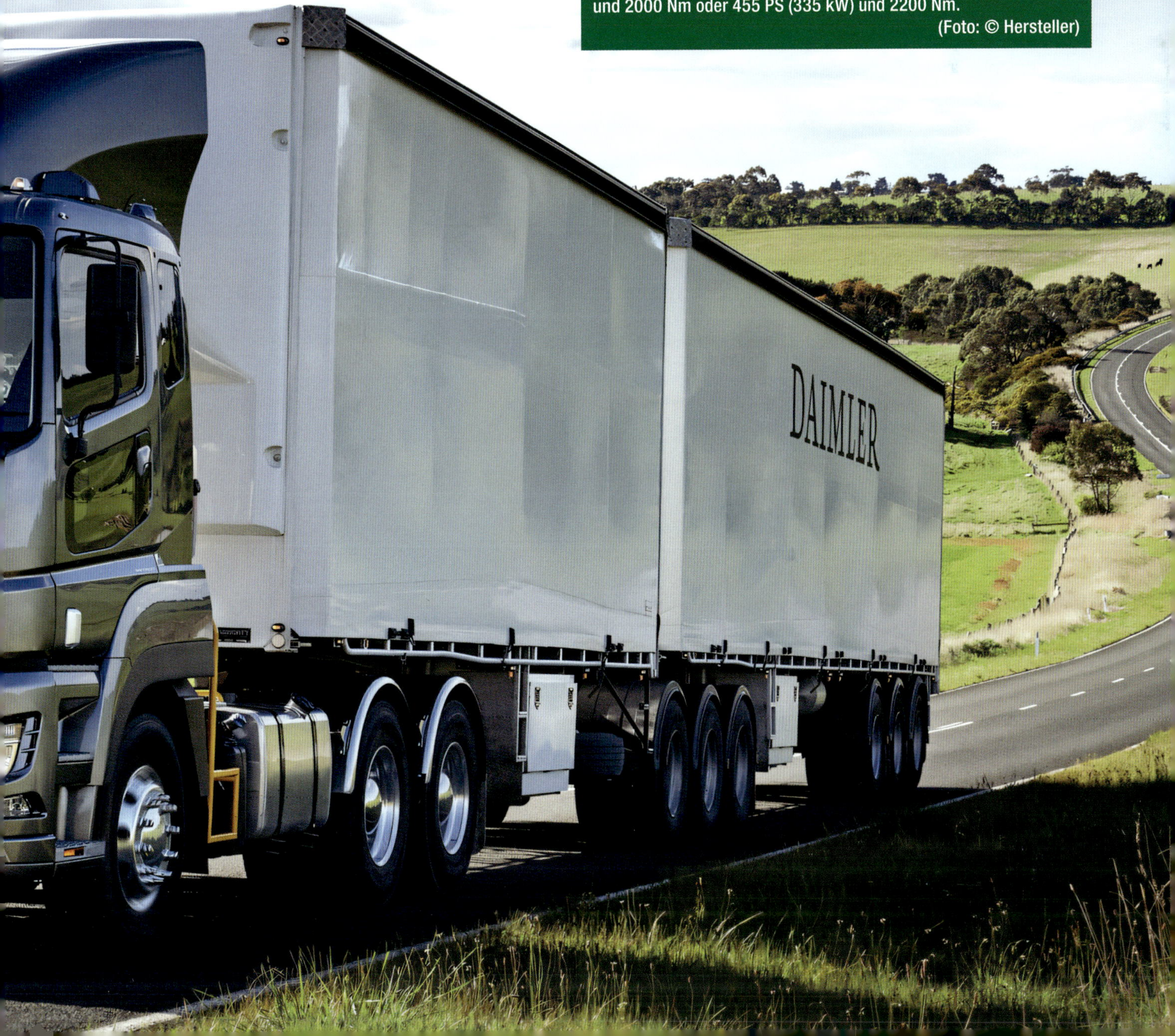

Der Shogun 510 von 2019 ist der stärkste verfügbare japanische Lkw auf dem Markt und vor allem auf Märkten wie Australien interessant. Für Vortrieb sorgt ein Daimler OM470, zu haben mit 395 PS (290 kW) und 2000 Nm oder 455 PS (335 kW) und 2200 Nm. (Foto: © Hersteller)

Sattelschlepper waren wegen der deutschen Gesetzgebung in den Fünfzigern kein Thema. Daimler als Vollsortimenter bot in Form des L 6600 Sa mit Schenk-Auflieger trotzdem welche an. (Foto: © Hersteller)

Daimler-Lkw aus vier Generationen nebeneinander: das Vorkriegsmodell L 6500, der Nachkriegsklassiker L 6600, ein Vertreter der Neuen Generation sowie das Modell Actros 2. (Foto: © Hersteller)

Mercedes-Benz war dank seines rührigens Vertriebs im Mittleren Osten besonders stark vertreten. Hier ein LA 331, wie er zwischen 1957 und 1959 ausschließlich für den Export gebaut wurde. (Foto: © Hersteller)

DAIMLER TRUCK AG

Mercedes-Benz LP 334, 1957–1963. (Foto: © Ralf Weinreich)

Viele Wartungsklappen bescherten den »Kubischen« den Spitznamen »Adventskalender«. Im Bild ein LPS 2020, 1963–1969. (Hersteller)

Der 2624 war der schwerste Kurzhauber, den das Werk im Inland anbot. Einsatzgebiet war die Bauwirtschaft. (Foto: © ERWE)

MERCEDES-BENZ (D)

Das erste gemeinsame Lastwagenprogramm der Daimler-Benz AG von 1927 umfasste drei Grundmodelle mit 1,5 bis 5,0 Tonnen Nutzlast. Dabei handelte es sich um Zweiachser mit Benzinmotoren. Schwerster Vertreter war der L5, er brachte es auf ein Gesamtgewicht von rund zehn Tonnen. Sein Vierzylinder-Benzinmotor leistete 70 PS, sein Verbrauch war hoch. Doch immerhin hatte Daimler ab 1928 auch eine Alternative im Angebot und offerierte den L5 auch mit 8,6-Liter-Dieselmotor »OM 5«. Dieser »Oelmotor« war der erste Sechszylinder-Diesel für Fahrzeuge. Die Ottomotoren – Sechszylinder mit bis zu 110 PS – spielten jedoch die Hauptrolle. Nur der neue schwere Dreiachser N 56 mit 8,5 Tonnen Nutzlast wurde vor allem mit Diesel-Motor verkauft.

Durchbruch mit dem Diesel

Trotz der Weltwirtschaftskrise von 1929 hatte Mercedes den Grundstein für ein neues Lastwagenprogramm schon gelegt: Dessen wichtigster Vertreter war der 5-Tonner Lo 2000 von 1932 mit zwei Tonnen Nutzlast und 55-PS-Dieselmotor, der dem Selbstzünder den Durchbruch bescherte. Das neue Programm reichte zunächst bis hinauf zum L 5000 mit fünf Tonnen Nutzlast, kurz darauf folgten die schweren Dreiachser L 6500, L 8500 und L 10 000 mit 18,5 Tonnen Gesamtgewicht, bestückt mit Sechszylinder-Reihenmotoren und 150 PS. Nach 1938 beschränkte sich der Lkw-Bau bei Daimler-Benz auf vier Grundtypen mit drei, viereinhalb und sechs Tonnen Nutzlast. Dazu kamen Spezialfahrzeuge wie Geländewagen oder Zugmaschinen und der im Staatsauftrag ab 1944 in Mannheim gebaute Opel-Blitz-Dreitonner »Mercedes-Benz L 701«.

Langhauber in den Fünfzigern

Mit diesem Typ begann auch wieder die Nachkriegsproduktion im Werk Mannheim, das Werk Gagganeau schickte wieder den ehemaligen 4,5 Tonner ins Rennen, der dann mit Stahlkabine als L 5000 die mittlere Nutzlastklasse bediente. Beide Baureihen wurden Anfang der Fünfziger erneuert. Die Mannheimer stellten den Opel-Blitz-Nachbau ein und ließen im Spätsommer 1949 den neuen »Diesel-Schnell-Lastwagen« Typ 3250/3500 vom Stapel. Die Langhauber wurden in verschiedenen Ausführungen, Radständen und Tonnageklassen bis 1961 gebaut.

Im Spätjahr 1950 verließ dann mit dem L 6600 eine neue schwere Lastwagenbaureihe das Werk in Gaggenau. Das neue Flaggschiff, der L 6600, war ein mächtiger Brocken, auch finanziell. Einmal mehr eine Klasse für sich war der Motor, der OM 315-Sechszylinder mit 145 PS. Die deutschen Gewichtsbeschränkungen führten zur Entwicklung der Frontlenker (weil die mehr Ladeflche boten), die ab 1955 zunächst parallel zu den Haubenfahrzeugen angeboten wurden. Diese Frontlenkerfahrzeuge erhielten die Bezeichnung »LP«, die Kabinen lieferte Wackenhut. Flaggschiff in der ersten Hälfte des Jahrzehnts war die Baureihe LP 315. Dieser Frontlenker von 1954 kam auf ein Gesamtgewicht von 14,9 Tonnen basierte zwar technisch auf dem alten L 6600, sprengte aber mit einer Nutzlast von 8,2 Tonnen die beim Hersteller bisher für zweiachsige Motorwagen gültigen Dimensionen.

Kurzhauber und Kubische

Die Ablösung der Langhauber begann 1958 durch die Kurzhauber, während bei den Frontlenkern mit den kubischen Fahrerhäusern 1963 eine neue Ära anbrach. Schwerster Vertreter der neuen Stilrichtung war der zweiachsige 16-Tonner LP 1620. Dieser Frontlenker setzte Maßstäbe. Ab Anfang 1964 kam bei den schweren Baureihen der moderne OM 346 Sechszylinder-Dieseldirekteinspritzer mit 210 PS zum Einsatz. Weil er eine andere Einbaulage erhielt, wurde die Fahrerkabine geräumiger. Einziger Wermutstropfen: Die neue Hütte war bis 1970 nicht kippbar. Doch dank der neuen sachlichen Gestaltungslinie, die sich auch auf die kleineren Lastwagenbaureihen auswirkte, verdreifachte sich zwischen 1965 und 1973 die Nutzfahrzeugfertigung bei Daimler auf 216.000 Fahrzeuge. Daimler-Benz stieg damit zum größten Lastwagenhersteller der Welt auf.

Die »Neue Generation« macht Furore

Die neue Lastwagengeneration (»NG«) von 1973 mit Kippkabine und den neuen V-Motoren der Baureihe 400 aus der Kooperation mit MAN heizte die Nachfrage kräftig an. Sie debütierten zuerst als Baustellenkipper und erschienen dann im Folgejahr als Zwei- und Dreiachser für Gesamtgewichte ab 16 Tonnen mit Motorleistungen von 256 bis 320 PS. Zwei Jahre nach dem ersten Auftritt der NG-Reihe wurden auch die mittleren Baureihen mit 10, 12 und 14 Tonnen Gesamtgewicht auf die neue Linie umgestellt, ergänzt durch eine zusätzliche Motorisierung mit Leistungen zwischen 130 PS und 240 PS.
Ende 1979 kam es zu einer tiefgreifenden Revision der Motoren der 400er Serie. Daimler-Benz zog beim V8 alle Register: Sein Leistungsspektrum reichte von 250 über 280 bis hin zu 330 PS mit Turbolader, mit Ladeluftkühler sogar 375 PS. In Kipperfahrzeugen wiederum sorgte ein wuchtiger V10-Saugmotor für Vortrieb, bei den Varianten für den Verteilerverkehr ein V6-Zylinder. 1988 wurde die NG-Reihe bei einer umfassenden Modellpflege in SK, »Schwere Klasse«, umgetauft. Zu den wichtigsten Änderungen gehörten das neue Cockpit und die aufdatierte Technik. Der SK ging in Leistungsvarianten von 260 bis 435 PS an den Start, Flaggschiff war der V8 mit 475 und

Bis zur Eröffnung von CTT, der französischen Tochter des Lkw-Werks in Wörth, wurden solche individuelle Umbauten – hier zum 6436 – bei NAW in der Schweiz vorgenommen. (Foto: © Hersteller)

Mercedes-Benz NG 2638 LS 6x4 der 1948 gegründeten Schwertransportfirma Morschhäuser. Auf dem Tieflader befindet sich ein Großstapler, wie er beim Umschlag von bis zu 60 Tonnen schwere Containern üblich ist. (Foto: © Hersteller)

Mercedes-Benz präsentierte auf der IAA 1973 die neue Generation an Frontlenker-Lkw. Sie wurde als »NG« bezeichnet und umfasste zunächst eine Reihe schwere Baufahrzeuge, 1975 folgten weitere Ausführungen wie der 2219 für den Verteilerverkehr. (Foto: © Hersteller)

Mercedes-Benz 2636 S der belgischen Spedition Aertssen mit Auflieger von Kaiser im Münsterland. Die Ladung? Ein Kran der französischen Firma Potain Poclain Matériel. (Foto: © Hersteller)

Ein 1832 der zweiten Actros-Generation mit Kehrblasaufbau RSC 200 von Øveraasen AS, Norwegen. (Foto: © Hersteller)

Actros 4114 Ak 8x8, ein halbes Dutzend mal umgebaut zum Langmaterialstransport von der Firma Finke in Vechta. (Foto: © Hersteller)

Spektakulär: Der Allrad-Arocs 3248 von 2021 als Vierachser für ein britisches Bauunternehmen. (Foto: © Hersteller)

Der Actros, 1996 auf den Markt gekommen und seit November 2021 in fünfter Generation erschienen, ist mit 1,4 Millionen verkauften Einheiten der erfolgreichste schwere Lkw der Welt. Ihn gibt es inzwischen auch als eActros 600, wobei sich die Typenbezeichnungen 300, 400, 600 von der Batteriekapazität in Kilowattstunden ableiten. (Foto: © Hersteller)

Mercedes-Benz Trucks stellte die Serienversion des bisherigen eActros LongHaul am 10. Oktober 2023 mit neuem Design unter dem neuen Namen eActros 600 vor. (Foto: © Hersteller)

ab 1994 mit 530 PS – damals der stärkste Fernverkehrs-Lastwagen in ganz Europa.

Vom SK zum Actros

Das waren auch die bestimmenden Faktoren der SK-Nachfolgegeneration »Actros« 1996. Denn hier war nun wirklich alles neu: Die Kabine mit einem Baukastensystem aus kurzen und langen, flachen, hohen und dem gewaltigen Megaspace-Fahrerhaus mit ebenem Fußboden, der Rahmen, das Fahrwerk und, natürlich, der Antriebstrang. Zwar hatten die Entwickler wieder auf das Baukastensystem aus Sechs- und Achtzylindern in V-Anordnung zurückgegriffen, die Triebwerke jedoch unter der Bezeichnung Baureihe 500 völlig neu konstruiert. Die Aggregate mit Leistungen bis 428 PS aus sechs und 571 PS aus acht Zylindern waren enorm haltbar, dazu kamen modernste Schalttechnik, die komplette Riege fahrdynamischer Regelsysteme, Scheibenbremsen rundum, dazu elektronisch geregelt auch am Auflieger – der Actros gilt als weiterer Meilenstein in der langen Geschichte der Schwerlastwagen von Mercedes. Zum Modelljahr 2003 erfuhr die Modellreihe eine erste umfassende optische Überarbeitung und Euro-3-Motoren. Das stärkste Pferd im Stall war der Actros 1861 mit dem 15,9-Liter V8 (OM 542) und 612 PS; 2004 sah die Einführung einer modifizierten Triebwerkspalette, die der Abgasnorm Euro 4 bzw. Euro 5 entsprach. V6-Motor OM 541 gab es in sechs Leistungsstufen von 320 bis 476 PS, den V8 in vier Varianten zwischen 510 und 653 PS. Nach einem erneuten Restyling 2008 kam es dann 2011 zur Neuauflage der Actros-Reihe. Hier war wirklich alles neu, die Motoren (jetzt Reihen-Sechszylinder mit 238 bis 653 PS) in zunächst 16 Leistungsstufen und neue Fahrerhäuser. Stärkstes Stück war die zum Modelljahr 2014 präsentierte Schwerlastzugmaschine Actros SLT. Die Ausführung für den schweren Baustellenverkehr, etwa den Betontransport, hieß Arocs. Mit bis zu fünf Achsen war der zur Bauma 2013 gezeigte Brummer mit einem zulässigen Gesamtgewicht von bis zu 41 Tonnen zu belasten.

Der Actros wird autonom

Mit gleich vier Weltpremieren wartete schließlich der seit 2018 erhältliche Actros 5 auf. So hatte er mit dem Active Drive Assist (ADA) das weltweit erste Assistenzsystem für teilautomatisiertes Fahren an Bord. Eine zweite Neuheit war ein neuer Notbremsassistent, die dritte der Ersatz der Außenspiegel durch Kameras. Die vierte Neuerung betraf schließlich den Arbeitsplatz der Lkw-Fahrer mit Multimedia-Cockpit mit zwei großen Farbdisplays. Der Abbiege-Assistent bremste außerdem notfalls – Nr. 5 – bis zu einer eigenen Abbiegegeschwindigkeit von 20 km/h eigenständig bis zum Stillstand ab.

Der Western Star 4964XF gehört zur Reihe 4900. Je nach verwendetem Motor – Detroit-Diesel oder Cummins – ist dieses Modell 430 bis 600 PS stark. (Foto: © GPS56, CC-BY-2.0)

Daimler Truck North America (DTNA) präsentierte 2022 in den USA den komplett neuen Fernverkehrs-Lkw Western Star 57X, nach den kleineren Varianten 47X und 49X. Charakteristisch für ihn war das Frontdesign mit ganz viel Chrom. Im Bild die Variante mit großer Kabine und Hochdach, das eine Deckenhöhe von 183 cm bietet. (Foto: © Hersteller)

DAIMLER TRUCK AG

Ein Tanker der Reihe 4900. Sie ist eine der bekanntesten und wichtigsten Baureihen von Western Star und bis heute im Programm. Angeboten wird sie in den Ausführungen 4x2, 4x4, 6x4 und 6x6. (Foto: © Daimler AG)

White schuf mit Western Star 1967 eine neue Premium-Marke. Diese Anzeige erschien im Oktober 1977, vier Jahre vor der White-Pleite. Nach verschiedenen Weiterverkäufen hat seit 2000 DTNA das Sagen. (Foto: © Hersteller)

Western Star (USA)

Die in Oregon beheimatete Firma Western Star Trucks Inc. wurde 1967 gegründet und spezialisierte sich von Anfang an auf das Schwerlastsegment jenseits der 15 Tonnen Gesamtgewicht, was nach US-Normen der Klasse 8 entspricht. Während Forschung und Entwicklung in Cleveland, Ohio, beheimatet waren, wurde für die Produktion in der kanadischen Provinz British Columbia ein neues Werk gebaut, denn in Kanada waren die Gewerkschaften schwach. Kapital und Knowhow kamen von der White Motor Company, die mit Western Star eine neue Premium-Marke schaffen wollte. Vertrieb und Marketing konzentrierten sich nach 1970 dann auf die amerikanische Westküste. White Star entwickelte sich zum Inbegriff eines gut ausgestatteten, unkaputtbaren – wenn auch nicht billigen – Fernverkehrs-Lkws, wobei die Technik von White stammte.

Viele Besitzerwechsel

Nach der White-Insolvenz übernahm Volvo 1981 die Star-Aktiva: Das Unternehmen verkaufte Volvo-White-Frontlenker in den Neunzigern unter White-Star-Label auf dem kanadischen Markt. Während White 1987 an GMC ging, wurde Western Star drei Jahre später an den australischen Fuhrunternehmer und Selfmade-Milliardär Terry Peabody verkauft, der im australischen Wacol (Queensland) seit 1983 White-Star-Lkw montieren ließ, wobei die Teilesätze aus Kanada stammten. Der Australier fädelte auch eine Zusammenarbeit mit DAF ein, gliederte 1995 einen kanadischen Bushersteller an und übernahm 1996 den englischen Produzenten ERF. Peabody trat seine Anteile – abgesehen vom Werk in Australien – im Jahr 2000 an Daimler-Chrysler ab. Im Zuge dieser Aufspaltung erwarb MAN die britische Western-Star-Tochter ERF. 2007 legte Daimler Western Star mit der nordamerikanischen Nutzfahrzeugtochter Freightliner zusammen. Wichtigstes Modell der ersten Jahrzehnte war die Hauben-Baureihe 4900. Dieser klassische Hauber beziehungsweise deren Nachfolger 47X bis 57 X stehen, mit Detroit-Diesel- oder Cummins-Motor, noch heute im Programm. Eine Alternative zu den klassischen eckigen Haubern ergab sich erst 1986 mit den »Supertilt«-Hauben, die durch ihre aerodynmisch nach vorn abfallende Form einen Hauch von Fortschritt in die konservative Owner-Operator-Szene brachte (die noch immer die Hauptklientel stellt). Auf dem Gebiet der schweren Hauber bestand in den Neunzigern die wichtigste Neuerung in der Einführung der Constellation-Reihe mit GFK-Haube und großer Kunststoff-Schlafkabine. Die Hauber mit kurzen und langen Hauben bis 55 Tonnen Gesamtgewicht sind meist in der Holz- und Bauwirtschaft, im Bergbau und in der Mineralölindustrie im Einsatz.

IVECO

IVECO, 1975 gegründet, entstand aus dem Zusammenschluss der Fiat-Marken Fiat, OM und Lancia, der französischen Marke Unic und der deutschen Marke Magirus Deutz. 1986 kam das europäische Ford-Lkw-Geschäft mit zur Gruppe, auch Muldenkipper-Spezialist Astra schlüpfte bei Iveco unter. Vier Jahre später folgte die spanische Firma Pegaso, zum Ende des Jahrzehnts übernahm man das Busgeschäft von Renault VI. 2011 vereinigte Fiat alle Aktivitäten außerhalb des Pkw-Baus unter dem Dach einer neuen Holding, die ihrerseits 2013 mit dem US-Riesen CNH Industrial fusionierte. Dessen Kerngeschäft bildeten ursprünglich die Landwirtschaftsmarken Case und New Holland, ergänzt um die österreichische Traktormarke Steyr. Die Iveco-Gruppe mit den Sub-Marken Iveco, Astra, IDV (Rüstungssparte), Heuliez, Iveco Bus, Magirus (2024 verkauft) und Motorenbauer FTP wurde 2022 verselbständigt. Gegenwärtig beschäftigt die Iveco-Gruppe mit Sitz in den Niederlanden weltweit mehr als 36.000 Mitarbeiter und verfügt über 20 Industriestandorte und 31 Forschungs- und Entwicklungszentren.

Viererbande: Unter Führung von Fiat schlossen sich die Marken Fiat, Unic, OM und Magirus-Deutz zur IVECO zusammen. (Foto: © Hersteller)

Fiat übernahm OM 1933, agierte aber bis 1969 weitgehend eigenständig, wie der Titano Serie III beweist. (Foto: © Actros1857LS-OM Titano, CC0)

Der »Millepiedi«, der Tausendfüßler, war der bekannteste Fiat-Schwerlast-Lkw der Nachkriegsjahre. (Foto: © Hersteller)

Die 1905 gegründete Firma Unic wurde 1966 von Fiat übernommen. Der Markenname verschwand 1987. (Foto: © Ralf Weinreich)

Die Traditionsfirma Magirus, später Magirus-Deutz, ist seit 1975 ein wichtiger Bestandteil von Iveco. (Foto: © Hersteller)

IVECO

ASTRA (I)

Die Astra Costruzioni SpA wurde 1946 von Mario Bertuzzi in Cagliari zum Umbau ausgedienter US-Zehntonner zu Baustellenkippern gegründet. 1951 erfolgte der Umzug nach Piacenza, 1954 kam der erste eigene Muldenkipper, der Typ BMI. In den darauffolgenden zehn Jahren wurde das Produktangebot um mehrere Muldenkipper-Modelle sowie Spezialfahrgestelle für Fahrzeuge mit Betonmischer-Aufbau erweitert, wobei die Technik von Fiat stammte. 1970 begann ASTRA mit der Entwicklung der Fahrgestelle BE8440 und BE10660 für Mobilkräne; 1984 kam mit der Einführung des BM501 der erste Muldenkipper, der die Wahl bot zwischen automatischer und mechanischer Kraftübertragung. Außerdem nahm ASTRA mit einem umgebauten BM309 an der Paris-Dakar-Rallye teil. 1986 wurde ASTRA von IVECO übernommen, seit 1994 lautete die Baureihenbezeichnung nicht mehr BM, sondern HD. Zwei Jahre später folgten die HD7-Kipper mit 2, 3 und 4 Achsen, permanentem Allradantrieb bis zur Radformel 8×8 und einer Motorleistung bis zu 520 PS; kurz vor der Jahrtausendwende kamen 28- und 40-Tonnen-Muldenkipper. Knicklenker gibt es seit 2003, 2008 kam mit dem RD50 ein neuer Starrrahmen-Muldenkipper mit einer Nutzlast von 49 Tonnen. Für Vortrieb sorgte der Deutz TCD2015 V8 16-Liter mit 653 PS. Für die Kraftübertragung kam eine Sechsgang-Allison-Automatik zum Einsatz. Das zulässige Gesamtgewicht lag bei 86,8 Tonnen, die Höchstgeschwindigkeit betrug 60 km/h.

Auch bei den Knicklenkern fanden sich bemerkenswerte Verbesserungen, etwa an der Vorderachsfederung. 2011 erfolgte die Einführung des neuen HD9, bei dem man aus Sicherheitsgründen das seit den 1980ern übliche Fiberglas-Fahrerhaus durch eine Stahlkabine ersetzte. Seit November 2012 werden die Schwerlastwagen von Astra über das globale Netz von CNH Industrial vertrieben.

Dumper lieferte Astra an Link-Belt, diesen RD 50 in der nach 2010 gebauten Ausführung (runde Scheinwerfer) aber nicht. (Foto: © Hersteller)

Astra baute die Dumper (hier ein ADT 30D) auch für Case, wo sie Serie 300 hießen. Es gab sie auch bei O&K und Fiat-Hitachi. (Foto: © Hersteller)

Zur Steinexpo 2014 stellte sich die Iveco-Tochter in Deutschland vor. Dieser RD 32 wurde aber schon 2006 gebaut. (Foto: © Hersteller)

Astra bezieht seine Aufbauten meist von Cantoni. Die Heckklappe wird hydraulisch betätigt. Die Case-Radlader der Serien 1021 G und 921 G dürfen wegen der engen Kontakte zu CNH mit ins Bild. (Foto: © Hersteller)

Die HD9-Serie – hier ein 66.56 – mit 9-t-Vorderachse und 40-t-Doppelachsaggregat ist auf ein Gesamtzuggewicht von 104 Tonnen ausgelegt. Für Vortrieb sorgt der Cursor-13-Motor, die Kraftübertragung über ZF-Ecosplit-Getriebe mit 16 Vorwärts- und 2 Rückwärtsgängen. (Foto: © Hersteller),

Der HD9 84.56 hat inzwischen auch die deutsche Straßenzulassung erhalten, die ersten Kundentests begannen Ende 2015. Der Schwerlaster in 8x6-Konfiguration hat einen 440 PS Motor hat eine ZF Eurotronic Getriebe, die Mulde hat eine Kapazität von 18 m^3. Das zGG liegt, je nach Geschwindigkeit, bei 50 oder 55 Tonnen. Gibt es auch in einer HHD-Ausführung, dann liegt das Gewicht bei 65 Tonnen. (Foto: © Hersteller)

Ein IVECO 400E34 6x2 aus dem Jahr 1995 mit Luftfederung und bis zu 340 PS. Hier als Abschlepper der Busfirma Hedingham.
(Foto: © Chris Sampson, CC-BY-2.0)

Der Fiat-Iveco 190-38 Turbo wurde zwischen 1980 und 1983 verkauft. Die Basis bildete die 1977 gezeigte Fiat-T-Reihe.
(Foto: © Hersteller)

Seismische Messungen im Zürcher Unterland auf der Suche nach Erdöl und Erdgasvorkommen, Januar 1991. Die mit den Arbeiten betraute Firma aus Hannover nutzte dafür den IVECO 330 ANW 6x6. Den schier unverwüstlichen Baustellen-Hauber bot Iveco zwischen 1979 und 1993 an.
(Foto: © ETH Zürich, Bildarchiv / Kammerhuber/CC BY-SA 4.0 Threecharlie, CC-BY-SA-4.0)

Britischer Iveco 220-30 Turbo (1987–1990): Mit den Ford-Lkw übernahm Iveco auch das Werk in England. (Foto: © Hersteller)

IVECO (I)

Wirtschaftliche Gründe zwangen Mitte der 70er Jahre fünf europäische Lastwagenbauer zu einer Kooperation unter dem Dach des neu gegründeten Unternehmens IVECO (Industrial Vehicle Corporation). Magirus-Deutz aus Deutschland hatte sich finanziell mit Investitionen für die Vierer-Club-Fahrzeuge übernommen, Fiat aus Italien spürte ebenso wie Magirus-Deutz den hohen Konkurrenzdruck von Mercedes-Benz und Volvo. Zu Fiat gehörten bereits die italienischen Marken Lancia und OM sowie die fünfte Marke im Bunde, Unic aus Frankreich. In den ersten Jahren musste das neue Unternehmen in der Öffentlichkeit bekannt werden, die verschiedenen Alt-Marken integrieren und eine eigene Identität entwickeln. Zunächst wurde deshalb eine Auswahl der bisherigen Baureihen der jeweiligen Einzelmarken einige Jahre lang weitergebaut – mittelschwere Lkw kamen von Magirus-Deutz aus Ulm oder von OM aus Brescia, Schwerlaster von Fiat aus Turin und schwere Baufahrzeuge inklusive seiner Hauben-Lkw und den luftgekühlten Motoren wiederum von Magirus-Deutz. Bei Unic in Lapasse wurden zusätzlich mittlere und schwere Laster hergestellt. Zu den fortgesetzten Lkw-Baureihen gehörten die MK-Reihe von Magirus-Deutz, die X-Reihe von OM (später als IVECO Zeta gebaut bis 1993) sowie die 1977 eingeführte, an bisherige Fiat-Frontlenkerfahrzeuge angelehnte M-Reihe mit Fiatmotoren. Zudem wurden bisherige Fiatmodelle unter altem Namen noch bis in die 80er Jahre hinein vertrieben.

Dominierend im Verbund war aber Fiat, um so mehr, als Klöckner-Humboldt-Deutz, der Mutterkonzern von Magirus-Deutz, 1980 seinen 20-Prozent-Anteil an IVECO verkaufen musste.

Zunächst hatte sich IVECO hinter einem einfachen »I« auf der Kühlerhaube versteckt, mit den Jahren jedoch verdrängte der neue Name – voll ausgeschrieben – die altbekannten Markennamen immer mehr, bis Letztere schließlich in den 80er Jahren ganz von den Fahrzeugen verschwanden. Lediglich der Name Magirus hielt sich, da aus der Magirus-Deutz AG 1983 das selbstständige Tochter-Unternehmen IVECO Magirus AG wurde.

Die erste offizielle IVECO-Entwicklung war 1978 der Kleintransporter IVECO Daily, der erste schwere Lkw der TurboStar von 1984 als Nachfolger des IVECO-Fiat 190. Bei seiner Entwicklung wurde besonderer Wert auf eine komfortable und aerodynamisch geformte Fahrerkabine gelegt. Anfangs standen zur Auswahl ein 330 PS starker Reihensechszylinder-Motor und ein V8-Zylinder-Aggregat mit 420 PS, beide wassergekühlt; später stiegen die Leistungszahlen in den Nachfolgemotoren auf 360 bzw. 476 PS. Zeitgleich brachte IVECO den für den Verteilerverkehr bestimmten, bis zu 377 PS starken TurboTech auf den Markt, der wie der TurboStar bis 1993 gebaut

IVECO ist regelmäßiger Teilnehmer an der Rallye Dakar. Im Bild der Trakker, mit dem das Team um De Rooy 2015 unterwegs war.
(Foto: © Hersteller)

Der Trakker wurde zwischen 2002 und 2021 gebaut und dann durch den T-Way abgelöst. Dieser Trakker 500 von 2016 hat den Cursor-13-Motor und das automatisierte Eurotronic-Schaltgetriebe mit 16 Gängen. Bis zu 72 t zGG sind möglich. (Foto: © Hersteller)

Der als etwas zivilere Ausführung des Baulasters T-Way konzipierte X-Way erschien 2017 und wurde 2020 beim Wechsel vom Stralis zum S-Way mit dem neuen Fahrerhaus versehen. Die Motorleistung liegt zwischen 243 und 420 kW, dazu gibt es eine Erdgasvariante.
(Foto: © Hersteller)

Der IVECO PowerStar 505 ist ein auf Basis des EuroTech in Australien entwickelter Hauber. Eine europäische Variante namens IVECO Strator wird in den Niederlanden gefertigt.
(Foto: Aussie Oc, © CC-BY-SA-4.0)

wurde und von einem Fiat-Vorgängermodell abgeleitet war.

Die Einteilung der Fernverkehrslaster zur T-Reihe führte ergänzend zur Zusammenfassung der Frontlenker-Baufahrzeuge in der P-Reihe und der Hauben-Lkw von Magirus in der PA-Reihe, für die die Nachfrage allerdings immer stärker abnahm. 1985 tat sich IVECO mit der Ford UK Truck Division zusammen, wodurch die Italiener den Fuß in den wichtigen britischen Markt bekamen. Das Joint-Venture nannte sich »IVECO Ford Truck Ltd.« und sah beide Partner zu etwa gleichen Teilen beteiligt. Das änderte sich jedoch schon ein Jahr später; IVECO kaufte die Ford-Anteile auf. 1997 allerdings wurde die Herstellung von Ford-Lkw in Großbritannien eingestellt.

Neben der Umstrukturierung und Konsolidierung im Inneren expandierte IVECO in der zweiten Hälfte der Achtziger auch global. 1987 verstärkte sich IVECO mit der Übernahme des italienischen Lkw-Bauers Astra, 1990 mit den Marken Pegaso und Seddon Atkinson, zwei Jahre später kam zusätzlich die International Australia Ltd. dazu. Die 1982 gemeinsam mit Saurer gegründete Firma zur Motorenentwicklung war überdies 1990 von IVECO aufgekauft worden.

Die ersten echten Iveco-Trucks

Das neue Jahrzehnt machte aus IVECO endgültig einen ausgewachsenen Lastwagenhersteller: Während die bislang weitergeführten Baureihen der fünf Gründerfirmen in diesen Jahren ausliefen, stellte der italienische Konzern in der ersten Hälfte der 90er Jahre eine vollständig neue Fahrzeug-Generation auf die Räder. Den Anfang machte 1991 der EuroCargo, ein leichter Verteiler-Lkw für Nutzlasten zwischen 6,5 und 26 Tonnen. Er ersetzte die alte MK-Reihe von Magirus-Deutz ebenso wie Ford Cargo in Großbritannien. 1992 erschien der EuroTech mit der neuen MP-Kabine, der den TurboTech ablöste. Er war ein schwerer Verteiler- bzw. Fernverkehrs-Lkw und wartete mit Leistungen zwischen 227 und 420 PS auf.

Einen weiteren Fernverkehrslaster brachte IVECO 1993 auf den Markt, den EuroStar, der die neue Oberklasse darstellte und dem TurboStar nachfolgte. Seine beiden zur Wahl stehenden Sechszylinder-Motoren leisteten 375 bzw. 420 PS, die V8-Zylinder-Variante kam sogar auf 514 PS. Im selben Jahr erschien schließlich noch das vierachsige Baustellenfahrzeug Eurotrakker mit 27 bis 72 Tonnen.

Ab 2002 erfolgte erneut eine Wachablösung in Gestalt einer neuen Fahrzeuggeneration: IVECO stellte sukzessive die Nachfolger der 90er-Jahre-Modelle vor. Als Weiterentwicklung des EuroTech erschien in diesem Jahr der Stralis, ein schwerer Fernverkehrslaster, der prompt zum »Truck of the Year« gewählt wurde. Sein zulässiges Gesamtgewicht betrug 18 bis 26 Tonnen, seine Euro-

4/5/6/EEV-Motoren leisteten zwischen 310 und 560 PS. Eine überarbeitete zweite Version stellte IVECO 2007 vor, die dritte Stralis-Generation wurde bis 2019 in Madrid gebaut und dann durch den S-Way abgelöst.
Der EuroCargo schrieb sich nun Eurocargo, bediente seit 2002 die leichte bis mittlere Nutzlastklasse zwischen 6,5 und 18 Tonnen und war für den Verteiler- bzw. Nahverkehr vorgesehen. Sechs Jahre später kam diese Baureihe wiederum überarbeitet bereits in der dritten Generation heraus. Die jüngste Überarbeitung erfuhr dieser italienische Bestseller im Jahr 2015. Die Motorleistungen dieser Laster liegen zwischen 160 und 320 PS.
Bei den Baustellenfahrzeugen ersetzte der Trakker ab 2002 den EuroTrakker. Wie bei diesem lag sein zulässiges Gesamtgewicht bei 27 bis 72 Tonnen. Der IVECO Trakker lag in der Tradition der schweren Magirus-Deutz-Baustellenfahrzeuge, der »Baubullen«. Es gab den Trakker wahlweise als Zwei-, Drei- oder Vierachser. Seit 2021 ist der Trakker aber Geschichte: T-Way nennt Iveco den Nachfolger und schloss damit die Erneuerung seiner schweren Baureihen vorerst ab. Optisch erinnert der für den Geländeeinsatz weiter optimierte Offroad-Lkw mit seinem V-förmigen Frontdesign ein wenig an die schweren Fahrzeuge der Konzernmarke Astra. Der 13-Liter-Motor liefert mit bis zu 510 PS zehn PS mehr als der Trakker, für leichtere Anwendungen steht der Neun-Liter-Motor zur Verfügung. Der Nebenantrieb liefert bis zu 2300 Newtonmeter.
2010 hatte Fiat mit der »Fiat Industrial« seinen Nutzfahrzeugbereich ausgelagert. Drei Jahre später fusionierte die CNH Global mit der Fiat Industrial zur neuen CNH Industrial. Diesem Konzern gehören seither auch IVECO und Magirus an, wobei Magirus 2024 an einen Münchener Finanzinvestor abgegeben wurde.

Mit Brennstoffzelle oder elektrisch

Der Weg zur emissionsarmen Zukunft führt auch bei Iveco über batterieelektrische und brennstoffzellenbetriebene schwere Lkw. Dazu hatte Iveco Europe zunächst ein Joint Venture mit einem Startup-Unternehmen gegründet, das den »Nikola«-Truck entwickelt hatte. Geplant ist die Produktion von schweren Lkw bis 44 Tonnen Gesamtgewicht. Beim Iveco HD BEV handelt es sich um eine 4x2-Zugmaschine mit einer Reichweite von bis zu 500 Kilometern, der Iveco Heavy Duty FCEV mit Brennstoffzelle soll sogar auf bis zu 800 Kilometer kommen. Die Motorleistung liegt bei 653 PS (BEV) beziehungsweise 544 PS (FCEV). Die Basis bildet der S-Way, was man aber lediglich dem BEV ansieht.

Iveco trennte sich 2024 von seiner Feuerwehrsparte. Magirus gehört nun einem Finanzinvestor. Das Kompetenzzentrum schwere Lkw soll aber am Standort Ulm bleiben. (Foto: © Hersteller)

Unverkennbar ein S-Way: Iveco Heavy Duty BEV. (Foto: © Hersteller)

Die schweren Baustellenfahrzeuge der Trakker-Serie traten im neuen Jahrtausend das Erbe der Magirus-Deutz-»Baubullen« an. (Foto: © Hersteller)

Nicola als Startup und Iveco gründeten 2019 ein Gemeinschaftsunternehmen, die Elektro-Trucks sollten in Ulm entstehen. 2023 trennten sich die Wege wieder, Iveco übernahm ganz. Im Bild der Iveco Heavy Duty FCEV. (Foto: © Hersteller)

PACCAR

Die »Pacific Car and Foundry Company« ging aus einem 1905 gegründeten Firma für den Bau von Eisenbahnwaggons und allen möglichen Gerätschaften zum Holzeinschlag und -abtransport hervor. Mit Kenworth wurde 1945 ein erster Lkw-Hersteller übernommen, Peterbilt war 1958 zur Übernahme reif. Der Schritt nach Europa erfolgte 1981 mit der Übernahme des britischen Schwerlast-Spezialisten Foden, DAF war 1996 fällig, die Übernahme von Leyland folgte 1998.

Seit 1972 als »PACCAR« firmierend, hält das Unternehmen mit seinen US-Töchtern einen Marktanteil in Nordamerika von 30 Prozent in der Klasse ab 16 Tonnen, das Vetriebsnetz umspannt rund 2300 DAF-, Kenworth- und Peterbilt-Händler weltweit. PACCAR kündigte 2023 ein Joint Venture mit Cummins, Daimler Truck und EVE Energy zur Herstellung von Batteriezellen für Nutzfahrzeuge in den USA an; DAF hat in Eindhoven inzwischen ein eigenes Werk zur Fertigung von Elektro-Lkw in Betrieb genommen.

Unternehmenssitz ist Bellevue im US-Bundesstaat Washington.

Seit 2023 arbeiten PACCAR und Toyota an der Entwicklung von Brennstoffzellen für schwere Lkw. (Foto: © Hersteller)

Foden S20 6x4 FRHT 6-80 als Schwerlast-Sattel mit 220 PS starkem Rolls-Royce-Motor. (Foto: © Hersteller)

Leyland, in seinen Ursprüngen 1898 gegründet, ging 1987 an DAF. Die Marke starb, das Werk lebt weiter. (Foto: © Hersteller)

Hinter DAF, Kenworth und Peterbilt steht der US-Konzern PACCAR. Unter eigener Marke haben die Amerikaner nie Lkw gebaut. (Foto: © Hersteller)

Dieser verunfallte Langhauber gehörte zur DAF Torpedo-Baureihe, die bis 1965 gefertigt wurde. Das Gesamtgewicht lag bei maximal 24 Tonnen. (Foto: © Anefo)

Die erste Generation an DAF-Frontlenkern wurde 1959 nach 10 Jahren abgelöst. Premiere war auf der RAI in Amsterdam. (Foto: © Anefo)

DAF feierte 2018 seinen Neunzigsten. Auf der IAA stand daher neben dem DAF A1600 von 1967 auch das XF-Sondermodell »90th Anniversary Edition« mit Sonderlack, Lederausstattung, dem stärksten 530 PS/390 kW PACCAR MX-13 Motor und historischem DAF-Logo an Front, Seiten und Fahrerhaus-Rückseite. (Foto: © Hersteller)

DAF (NL)

Mit Hilfe eines Investors gründete Hub van Doorne 1928 im niederländischen Eindhoven die »Hub van Doorne Machinefabriek«, in der er vorzugsweise Schweiß- und Schmiedearbeiten für die heimische Binnenschifffahrt anbot. Vier Jahre später stieg sein Bruder Wim in das Geschäft mit ein. Weil die beiden Brüder von nun an Anhänger und Auflieger für schwere Lastwagen herstellen wollten, wurde aus der »Machinefabriek« die »Van Doornes Aanhangwagenfabriek« – kurz DAF.

Pioniere im Bau von Sattelaufliegern

1936 hatten die Brüder den weltweit ersten Sattelauflieger vorgestellt. Praktisch zur selben Zeit traten sie als Koproduzent der TRADO-Achse auf, die eine einfach angetriebene Hinterachse in eine doppelt angetriebene verwandelte. Mit dieser rüsteten sie die niederländischen Militärfahrzeuge aus. Nach dem Ende des Zweiten Weltkrieges stiegen die Niederländer in den Bau von Lastkraftwagen ein. Die ersten beiden Modelle brachte DAF 1949 auf den Markt, es waren der 3-Tonner A30 und der 5-Tonner A50, beides waren Frontlenker. Zwar blieb der Betrieb auch seinen Anhängern und Aufliegern treu, doch ließ die abermalige Umbenennung – neuer Name diesmal: »Van Doornes Automobiel Fabriek« – erkennen, wo der Schwerpunkt künftig liegen sollte. Haubenfahrzeuge stellte DAF zwar ebenfalls her, aber nur für spezielle Märkte ab 1957. Als Motorenlieferant konnte der britische Hersteller Leyland gewonnen werden, deren Aggregate DAF ab 1957 im eigenen Motorenwerk in Lizenz selbst produzierte. Diese neuen Räumlichkeiten nutzte DAF, um das Motorenangebot in seinen Lastern mit Eigenentwicklungen zu ergänzen. Mitte der Fünfziger stellte DAF die Serien 1100, 1300 und 1500 vor, bis zum Ende des Jahrzehnts hielten sie bereits ein Drittel des heimischen Marktes in Händen. Der internationale Durchbruch gelang DAF 1962 mit der Reihe 2600.

Kabinen für den Fernverkehr

Zu seiner Besonderheit zählte, dass mit ihm erstmals ein Fernverkehrslaster eine Fahrkabine aufwies, die extra für die Bedürfnisse der Fahrer entwickelt worden war. Das bedeutete eine ergonomische Ausstattung mit komfortablen Sitzen und praxisnaher Rundumsicht. Auf Wunsch konnte der 2600 sogar mit zwei Betten geliefert werden. Technisch bot der 2600 einen 220-PS-Sechszylinderdiesel von Leyland. Weitere Entwicklungen in dieser Zeit waren das erste 6x4-Fahrgestell mit Tandemachse, das Kipperfahrgestell AZ 1900 6x6, der Haubenlaster A18 sowie die Reihe 2400 DP.

Der 1980 gezeigte Export-DAF N2800 mit Magirus-Eckhauber-Kabine war für schwerste Einsätze gedacht und bis 72 Tonnen zugelassen. (Foto: © Anefo)

Wechselnde Gezeiten

Mit Beginn der 70er-Jahre brachte DAF eine neue Lkw-Generation auf den Markt, die Reihen F1600 und F2000, die nun kippbare Fahrerkabinen aufwiesen, ebenso eine Reihe leichter 4x2-Laster. Entwickelt worden waren diese Fahrerhäuser vom sogenannten »Vierclub«, dem die Lkw-Hersteller DAF, Magirus-Deutz, Saviem und Volvo angehörten (MAN war bereits nach kurzer Zeit abgesprungen). Das waren nicht die einzigen Veränderungen bei den Niederländern im neuen Jahrzehnt: DAF verlor seine Unabhängigkeit, denn 1973 erwarb International Harvester aus den USA ein Drittel der DAF-Aktien. In den folgenden Jahren geriet das niederländische Unternehmen wegen hoher Investitionen in schwierige wirtschaftliche Verhältnisse; nur ein Eingreifen der Regierung konnte seinen Bestand sichern. 1978 – ausgerechnet zum 50-jährigen Jubiläum von DAF – zog sich International Harvester aus Europa zurück. Die Niederländer machten allein weiter. Die 80er-Jahre sahen u. a. die DAF-Baureihe 2300 6x2 mit Vorlauf-Hinterachse, den Schwerlast-Haubenlaster N2800 6x4, das Modell 3300 DKX mit 330 PS für Fernverkehr und Spezialtransporte sowie den Gewinn der Rallye Paris-Dakar durch DAF im Jahr 1987. Im selben Jahr brachte DAF seine neue Premium-Reihe 95 auf den Markt, die über ein von Atkinson und ENASA entwickeltes besonders hohes Fahrerhaus (»Space Cab«) verfügte und mit Leistungen von anfangs 228 bis 380, später 400 PS angeboten wurde. Die Reihe 95 avancierte zum Truck des Jahres, eine Auszeichnung, die in den folgenden Jahren noch öfter an DAF gehen sollte. Eine neue Linie an mittel- bis ganz schweren Lastern erschien 1992 mit den Reihen 65, 75 und 85. Zur Jahrtausendwende ging daraus die CF-Serie hervor.

1993 geriet der langjährige Motorenlieferant Leyland in ernste wirtschaftliche Probleme, weshalb sich DAF entschloss, mit ihm zu fusionieren. Doch damit hatten sich die Niederländer übernommen und gingen in Konkurs.

PACCAR BRINGT DIE RETTUNG

Den Zusammenbruch verhinderte die Regierung, drei Jahre später übernahm PACCAR die nunmehrige »DAF Trucks N.V.« So gestärkt, präsentierte DAF 1997 die neue Sattelzugmaschine 95XF mit Motorleistungen von 381 und später 530 PS mit Super Space Cab, einer nochmals vergrößerten Fahrerkabine; der 560 PS starke XF105 von 2005 hatte dann das größte Lkw-Fahrerhaus weltweit.

DAF trägt mittlerweile maßgeblich zur Erfolgsbilanz der PACCAR-Gruppe bei und liegt gleichauf mit Peterbilt direkt hinter dem Konzern-Schwergewicht Kenworth. International gesehen liegen im Bereich der schweren Laster nur noch Mercedes-Benz und Volvo vor DAF, die Niederländer belegen hier mit Scania einen dritten Platz.

Der DAF 95XF wurde von 1997 bis 2003 gefertigt. Er war das beste Argument für PACCAR, beim niederländischen Lastwagenhersteller einzusteigen. (Foto: © Hersteller)

DAF erweiterte 2014 sein Euro-6-Fahrzeugprogramm der Baureihen XF und CF um vierachsige Modellvarianten als Fahrgestell und Sattelzugmaschine für den Schwerlastverkehr und Spezialtransporte. (Foto: © Hersteller)

DAF feierte 2020 die 250.000ste Super Space Cab an einem XF mit der »Celebration Edition«, rechts der XF Super Space Cab von 1994. Noch immer war die Kabine mit 12,6 Quadratmetern und 2,23 Meter Stehhöhe die größte Fernfahrerkabine auf dem Markt. (Foto: © Hersteller)

Kenworth entwarf die Serie 853 für eine Ölgesellschaft und leitete daraus weitere Modelle ab: Die Typen 801, 802 und 803 verfügten über ein 18-72-Tonnen-Chassis. Oberhalb von 48 Tonnen handelte es sich um Knicklenker. (Foto: © Hersteller)

Rechts neben dem schweren Hauber W900 ist das zweite große Erfolgsmodell der 60er-Jahre zu sehen, der Frontlenker K100. Das »K« stand für »Kent«, das »W« für »Worthington«. (Foto: © Jean Housen, CC-BY-SA-3.0)

Auch als Zugmaschine für einen Wohnanhänger macht dieser Kenworth-Truck aus den 50er-Jahren eine gute Figur. (Foto: © Mark Holloway, CC-BY-2.0)

Der T909 gehört zu den 2011 im australischen Bayswater, Victoria, produzierten Kenworth-Modellen. Er leistet zwischen 485 und 600 PS und wird in den Ausführungen 6x4 und 8x6 angeboten. (Foto: © Bidgee, CC-BY-SA-3.0 AU)

KENWORTH (USA)

Die Herren Worthington und Kent investierten 1917 in einen prosperierenden Lastwagenhersteller und machten daraus die »Gersix Motor Company«. Sechs Jahre später und einen Umzug nach Seattle später formten sie daraus die »Kenworth Motor Truck Company«.

Kentworth statt Gersix

Gebaut wurden Lkw auf Bestellung, und das mit steigenden, wenn auch bescheidenen Stückzahlen: Die Jahresproduktion Mitte der Zwanziger lag bei rund 100 Trucks. Kenworth bot zu dieser Zeit fünf Grundtypen mit bis zu fünf Tonnen Nutzlast und einer Leistung von 78 PS an. 1927 kam ein Werk in Kanada hinzu und 1929 eine weitere US-Produktionsstätte. Dass Kenworth die Weltwirtschaftskrise gut überstand, lag nicht zuletzt auch daran, dass man 1932 in den Bau von Feuerwehrfahrzeugen eingestiegen war und 1933 als erster US-Hersteller serienmäßig Trucks mit Cummins-Dieseln anbot. 1935 wurde Aluminium für Kabine und Chassis verwendet, es gab die ersten 6x6-Lkw und erste Frontlenker.
Im Zweiten Weltkrieg stellte Kenworth in hoher Zahl für das Militär u. a. das Schwerlastbergefahrzeug M-1 mit Sechsradantrieb vor, das eine spezielle Ausrüstung für Gefechtssituationen besaß. Noch bevor der Krieg zu Ende war, ging Kenworth in den Besitz von »Pacific Car & Foundry« über und wurde dessen 100-prozentige Tochter. Für dieses ebenfalls in Seattle ansässige Unternehmen wurde Kenworth zum Türöffner im Bereich der schweren Lkw.
Bis Anfang der 50er Jahre wurden weiterhin gleichermaßen militärische wie zivile Trucks gebaut. Neue Absatzmärkte fand Kenworth beispielsweise auf Hawaii: Die dortigen Zuckerrohrplantagen wurden zu einem Großabnehmer der Amerikaner. Auch an anderen Orten außerhalb der Vereinigten Staaten schätzte man die Trucks aus Seattle, weshalb der Anteil des Exportgeschäfts an den Verkäufen bis zum Jahr 1950 auf 40 Prozent gestiegen war. Die Anzahl der Basistypen der nach wie vor individuell zugeschnittenen Laster belief sich mittlerweile auf um die 30. 1951 stieg Kenworth quasi ins Ölgeschäft ein – mit seiner brandneuen Baureihe 853, die speziell für die sandigen Böden der Erdölfelder im Nahen Osten konstruiert worden war; die Highway-Variante hieß 801. Mitte der 50er-Jahre erschien das Modell 900. Gleich eine ganze Flotte davon wurde eingesetzt, um die 3000 Tonnen schwere Ausrüstung für die Suche nach Erdöl in das nördliche Yukon-Tal in Kanada zu schaffen. Zwei langjährige Erfolgsmodelle, die sich zu echten Klassikern entwickelten und für Rekordverkäufe im Jahr 1965 sorgten, waren der Hauber W900 und der Frontlenker K100. Weitere Expansionen waren die Folge, es entstanden Werke in Kansas City sowie in Melbourne, Australi-

en, in den 70er-Jahren schließlich noch in Ohio sowie in Mexiko. 1973 feierte das Unternehmen sein 50-jähriges Bestehen, ein Jahr zuvor hatte sich der Mutterkonzern umbenannt in PACCAR. Für den Nahverkehr gedacht war die Frontlenker-Reihe PD 1971, der schwere Bruder für Bauindustrie und Forstwirtschaft. 1976 stellte Kenworth seine komfortablen Aerodyne-Schlafkabinen vor.

Aerodynamik als Aushängeschild

In den Achtzigern entdeckten alle Truck-Produzenten die Aerodynamik als Verkaufsthema, doch Kenworth hatte mit dem Typ T600A von 1984 die Schnauze vorn: Mit seiner geneigten Motorhaube zwar etwas ungewöhnlich gestaltet, sparte dieser auf Aerodynamik getrimmte Truck kräftig Treibstoff und verband außerdem den Komfort eines Haubers mit der Manövrierbarkeit eines Frontlenkers; das machte ihn zum Bestseller. Er wurde in drei Typen angeboten, mit 330, 370 und 460 PS. Das Modell T884 von 1991 kam im Bergbau zum Einsatz, denn es besaß Allradantrieb, war sehr geländegängig und konnte extrem enge Kurven bewältigen. 1993 richtete Kenworth ein weiteres Werk ein, und zwar in Renton, Washington. Vom T600 abgeleitet war der ein Jahr später auf den Markt gebrachte T300. Dies war der erste mittelschwere Hauber von Kenworth. Völlig neu konstruierte Kenworth 1996 den T2000, der in puncto Leistung, Komfort, Ausstattung und ganz besonders in seiner aerodynamischen Gestaltung neue Standards setzte. Der Trend zu immer komfortableren, geräumigeren und vor allem aerodynamisch und damit treibstoffeffizient gestalteten Fahrzeugen setzte sich auch in den kommenden Jahren mit Modellen wie T660 (2007), T700 (2010) und T680 (2012) fort.

Das Modellprogramm von Kenworth bedient vor allem die oberen beiden schweren Gewichtsklassen Class 7 und 8. In der Schwerstklasse findet sich aber das breiteste Angebot – und noch reichlich Potenzial, die Trucks sauberer und sparsamer zu machen, und die Paccar-Tochter ist auf dem besten Weg: Im dritten Quartal 2024 begann die Produktion der Kenworth T680- und T880-Modelle mit neuem Cummins X15N-Erdgasmotor und Leistungen zwischen 400 und 500 PS bei 1.850 Nm Drehmoment.

Die besten Lkw der Welt?

Nach eigenem Verständnis baut man die besten schweren und mittelschweren Lastkraftwagen der Welt und ist führend bei der Entwicklung fortschrittlicher Diesel-antriebe, emissionsfreier Fahrzeuge, vernetzter Lkw-Technologien und autonomer Fahrsysteme, kurzum: Kenworth entwickelt Transportlösungen für eine bessere Welt.

Kenworth K125 mit Kühlcontainer. Nach dem erfolgreichen K100 folgten weitere Ableger des Laderaum-gewinnenden Frontlenkers. (Foto: © Bahnfrend, CC-BY-4.0)

Mehr verdienen mit jedem Auftrag: Annonce für den Kenworth C500 aus kanadischer Fertigung, ca. 1975 (Foto: © Hersteller)

Aufgestapelte Kenworth-Zugmaschinen auf dem Transport von der Werkhalle zu ihrem Bestimmungsort. (Foto: © Don O'Brien, CC-BY-2.0)

Deutsche Brauerei-Kessel werden mit Kenworth-Lastzügen des Typs 61355 zu ihrer Zielbrauerei in Toronto, Kanada, transportiert. (Foto: © Jonathan Nightingale, CC-BY-SA-2.0)

Kenworth T680 Signature Edition, 2023: Der Lkw ist mit einer 2-Meter-Schlafkabine und Paccar-MX-13-Motor (455 PS), Paccar 12-Gang-Automatik und Paccar 40K-Tandem-Hinterachsen ausgestattet, um nur die wichtigsten Features dieses Sondermodells zu nennen. (Foto: © Hersteller)

Einer der ersten Trucks von Peterbilt war 1939 der Modell 334. Von diesem und dem zweiten Modell 260 produzierte Peterbilt 14 Stück. 1940 stieg die Gesamtzahl auf 82 Einheiten. (Foto: © Hersteller)

Der Peterbilt 353 erschien 1973 als Bauvariante des 359 und ersetzte schließlich die Modelle 341, 351 und 383. Die Ablösung erfolgte 1986 durch den 357. (Foto: © Hersteller)

Die 1946 gegründete Schwerlast- und Kranfirma Bragg transportierte 2009 den Rumpf dieser C-17 Globemaster III von der Ost- an die Westküste. Der Peterbilt 377 war ein aerodynamisch gestalteter Lastwagen mit einer Motorhaube aus Fiberglas, gebaut in den Jahren zwischen 1986 und 2000. (Foto: © Bob Adams, CC-BY-SA-2.0)

Der Peterbilt 352 erschien 1959 und war der erste »Pete«-Frontlenker. Er hatte eine Kippkabine. 1969 einem großen Facelift unterzogen, blieb er bis 1980 in Produktion. (Foto: © Hersteller)

PETERBILT (USA)

Theodor A. Peterman war in der Holzindustrie an der Westküste der Vereinigten Staaten tätig und benötigte dafür speziell angepasste Laster. Zunächst modifizierte er für seine Zwecke Armee-Trucks, doch als sich Ende der 30er Jahre die Gelegenheit ergab, den Fahrzeughersteller »Fageol Motors Company« in Oakland zu übernehmen, griff er zu. Nun konnte Peterman sich Trucks nach Maß in seiner eigenen Fabrik selber bauen. Damit hatte er ein Geschäftsmodell gefunden, das auch weitere Westcoast-Trucker überzeugte. Den Namen, den er für sein neues Unternehmen wählte, setzte er aus seinem eigenen Namen Peterman und dem Slogan von Fageol, »Bill-built« (von Bill, dem Inhaber, gebaut), zusammen: Peterbilt.

Klasse, nie Masse

Firmeninhaber Peterman überlebte das Jahr 1945 nicht. Einige seiner Mitarbeiter übernahmen daraufhin die Leitung des Betriebes. Anders als Mitbewerber Ford setzte Peterbilt von vorneherein auf Klasse statt Masse. Statt 100 Lkw am Tag produzierte er lediglich 100 im Jahr, diese aber ganz auf Qualität getrimmt und genau auf die Bedürfnisse der Kunden abgestimmt, die zu diesem Zweck vorher erfragt wurden. Peterbilt etablierte sich mit diesem Ansatz sofort in der amerikanischen Truckerszene, die Kundschaft nahm den Premium-Aufschlag gerne in Kauf, weil ein Peterbilt besser, haltbarerer und zuverlässiger war als ein Truck von der Stange. 1949 entstand der erste in größeren Stückzahlen verkaufte Peterbilt, das Modell 350, der erste Frontlenker der Marke. Mit diesem reagierte Peterbilt pragmatisch auf neue Lkw-Längenbeschränkungen in den USA. Als diese sich änderten und die Länge der Zugmaschine keine Rolle mehr spielte, entstanden wieder vermehrt Hauber, jetzt aber – eine weitere Neuerung – unter reichlicher Verwendung von Aluminium in der Karosserie und der Fahrerkabine, um Gewicht zu sparen. In dieser Zeit entstand auch der Peterbilt Typ 281, der Jahrzehnte später in Steven Spielbergs Thriller »Duell« von 1971 eine wichtige Rolle spielen sollte.

Aus Peterbilt wird PACCAR

Ende der 50er Jahre gab es Ärger zwischen der Geschäftsführung von Peterbilt und der Witwe Peterman, denn ihr gehörte das Gelände, auf dem die Fabrik stand. Am Ende der Streitigkeiten stand der Verkauf von Peterbilt an die »Pacific Car and Foundry«. Diese baute in Newark, Kalifornien, eine neue Fabrik auf und, nachdem die Nachfrage nicht abriss, ein weiteres Werk in Madison, Tennessee. Weitere Expansionen folgten, doch Peterbilt ist seiner Philosophie stets treu geblieben: Klasse statt Masse.

TRATON GROUP

Die TRATON GROUP ging 2018 aus der ehemaligen Volkswagen Trucks & Bus hervor. Zum neuen Konzern gehörten zunächst die Marken MAN, Scania und der brasilianische Lkw-Bauer Volkswagen Caminhões e Ônibus, 2021 wurde die amerikanische Marke Navistar (=International) integriert. Das Unternehmen betreibt weltweit 29 Produktions- und Montagestandorte in 17 Ländern Europas, Nordamerikas, Lateinamerika und Afrika. Hauptsitz ist München, für Skandinavien – TRATON AB – in Södertälje, Schweden.
Das Portfolio umfasst Lkw, Busse und leichte Nutzfahrzeuge sowie den Verkauf von Ersatzteilen, Kunden- und Finanzdienstleistungen. Ähnlich wie bei den Marken der Volvo Group stehen hinter den heute noch aktiven Marken noch zahlreiche weitere, heute nicht mehr aktive Hersteller, die im Laufe der vergangenen Jahrzehnte im Zug der Konzentration auf dem Lkw-Sektor erloschen sind. Die Gruppe beschäftigt rund 100.000 Mitarbeiter.

Drei MAN TGX der britischen Schwerlastfirma JB Rawcliffe & Sons transportieren 2009 im Verbund einen 100 Tonnen schweren Transformator auf einem modularen Nicolas-Tiefbett-Anhänger zu einem Windpark-Umspannwerk. (Foto: © Rawcliffe, CC-BY-SA 3.0)

Die Lkw-Sparte der österreichische Firma Steyr wurde 1990 an MAN verkauft. Fahrzeuge mit Steyr-Logo wurden noch bis Anfang des neuen Jahrtausends verkauft. (Foto: © Ralf Weinreich)

Schwertransport Anno 1912: Der Büssing Fünftonner Typ D transportiert zwei jeweils 50 PS starke Tenderloks von O&K, Typ Cn2t.

Mit Vierachsern wurde ERF berühmt: 8x4 aus der C-Serie als Schausteller-Fahrzeug. Auch diese Marke ist erloschen. (Foto: © Felix O, CC-BY-SA-2.0)

Bei diesem Modell der 1937 eingeführten D-Serie handelt es sich um einen DR-70, einen Siebentonner mit 6,6-Liter-Sechzylinder und 114 PS Leistung. (Foto: © Hersteller)

Der schwerste International der frühen Fünfziger war der LFD 320. Mit 35 t Zuladung durfte er nicht auf öffentliche Straßen.

Mit der Sonderserie »American Eagle« verabschiedete International seine ikonischen Hauber der Serie 9900i. Gebaut seit 1971, war 2007 dann endgültig Schluss: »Show pride in your truck and your country«. (Foto: © Hersteller)

INTERNATIONAL (USA)

Im Jahr 1902 schlossen sich die beiden damals dominierenden US-amerikanischen Hersteller von Landwirtschaftsgeräten, McCormick und Deering, in Chicago zur neuen Firma »International Harvester Company« (IHC) zusammen.
Fünf Jahre nach Gründung des gemeinsamen Konzerns begann auch die Herstellung von Kraftfahrzeugen. IHC hatte dabei seine Kernzielgruppe vor Augen, nämlich den Farmer, der seine Erzeugnisse über unwegsames Gelände und miserable Straßen in die nächste Stadt bringen musste. 1909 folgte der erste echte Truck mit dem »Auto Wagon«, dessen Rücksitze zur Aufnahme von Ladung abklappbar waren. Diese Ladung durfte bis zu 362 kg wiegen. Umbenannt 1910 in »Motor Truck«, wurde dieses Fahrzeug zum Vorläufer der Pick-ups. Während des Ersten Weltkrieges erschien eine neue Generation mit unterschiedlichen Nutzlasten für alle Zwecke, auch das Militär. Außerdem war das Werkstattnetz dicht geknüpft. IH-Vertretungen gab es überall. Nach dem Krieg war das Unternehmen auch als Lkw-Hersteller allseits akzeptiert, und technische Innovationen wie die Hinterachse mit zwei Endübersetzungen von 1928 erhöhten den Bekanntheitsgrad. 1933 bauten die Amerikaner mit der neuen C-Reihe den ersten Lkw mit sieben Tonnen Nutzlast und Dieselmotor, der Dreiachser von 1935 mit Hendrickson-Tandemhinterachse hob diese Grenze auf 10 Tonnen an.

Einfach und preiswert

Nach dem Krieg, der das Lkw-Pogramm auf über 40 Modellvarianten in den Nutzlastklassen von 0,5 bis 40 Tonnen hatte anschwellen lassen, stand IH im Ruf, einfache, aber preiswerte und langlebige Lkw herzustellen. Die erste Nachkriegsgeneration erschien 1949 in Form der L-Reihe. Dise waren vor allem im leichten und mittleren Bereich angesiedelt, die schweren Hauber (die noch am ehesten den Kriegstypen ähnelten) wurden erst 1956 durch die V-Reihe ersetzt. In den Sechzigern wurden die Looks moderner und die Baureihenbezeichnungen einfallsreicher. Die mittelschweren Baureihen liefen ab 1962 als »LoadStar«, es gab sie mit Dieselmotoren im Leistungsspektrum von 113 bis 200 PS wie auch mit Erdgasaggregaten bis zu 210 PS.
Darüber angesiedelt, zu haben wiederum als Frontlenker und Hauber, war der »FleetStar«, ein schwerer Truck mit 15 bis 28 Tonnen Gesamtgewicht für die Bauindustrie und den Schwerlastbereich im Leistungsbereich zwischen 236 und 335 PS, und »TranStar« hießen die modernisierten Frontlenker der M-Reihe aus den Endsechzigern. 1972 verstärkte noch der Hauber »PayStar« den Schwerlast- und Baufahrzeugbereich, zu haben als 4x4, 6x4 und 6x6.

Der Krieg war vorüber: Titelmotiv mit K-7 auf dem IH-Bilanzbericht 1945. (Foto: © Hersteller)

TRATON GROUP

Steiler Aufstieg, tiefer Fall

Zu Beginn der Siebziger baute International Harvester seine Geschäfte in Europa weiter aus. Die Einkaufstour brachte eine Beteilung an DAF, die Übernahme des britischen Lkw-Bauers Seddon Atkinson (1974) und eine Beteiligung am spanischen Hersteller ENASA (1981). Das Timing war aber schlecht gewählt, die Wirtschaft befand sich auf Talfahrt, und in den USA streikten die Arbeiter: IHC versilberte nach und nach wieder alle Beteiligungen, verlor am Ende – 1984 – sogar seine Selbstständigkeit und ging zusammen mit dem Landmaschinenbereich vollständig an Automobilzulieferer Tenneco. Die Bänder liefen mit unvermindertem Tempo weiter, der nach 1986 verwendete Firmenname lautete »Navistar International« und die Laster erhielten den heutigen Markennamen »International«. Der Konzern selbst hatte seit Anfang der Achtziger als Subunternehmer für Ford Trucks und Motoren produziert, allein zwischen 1994 und 2005 über 2,5 Millionen Aggregate. Diesen Geschäftszweig baute der Konzern noch weiter aus, produzierte ab 2009 Lkw für Caterpillar und bestimmte Silverado-Ausführung für Chevrolet.

2001: Neue Plattform

Navistar entwickelte zur Jahrtausendwende ein komplett neues Baukastensystem, das »Next Generation Vehicle« (NGV). Eine Besonderheit dieses Entwurfs war die einheitliche Kabinenstruktur, erster Vertreter der NVG-Familie war der mittelschwere TranStar. Von diesen Änderungen ausgenommen blieb zunächst das Flaggschiff der International-Familie, die 1971 eingeführte International 9000-Serie. Die schweren Hauber für den Fernverkehr waren angesiedelt zwischen dem mittelschweren Loadstar (und der 1977 folgenden S-Serie) und der Paystar-Reihe. In verschiedenen Ausführungen und Generationen produziert, begann ihre Ablösung 2006 durch den International ProStar (NGV), und beide zusammen (mit denen Navistar gegen Freightliner Cascadia und Kenworth T2000/Peterbilt 387 angetreten war) wurden 2017 durch die aerodynamisch verbesserte LoneStar-Serie ersetzt; der ProStar lief, umfassend überarbeitet, dann als International LT (LT=Line-haul Tractor) weiter.

Ein LKW der Extraklasse

Auch der 2009 eingeführte LoneStar gehört zur NVG-Familie, er ist der dickste Brocken im Navistar-Sortiment. Oberhalb des International LT / ProStar angesiedelt, wurde er 2017 erneuert, zu einer Zeit, als die Lkw-Sparte Traton (also VW) bei Navistar einstieg. Seit 2021 gehören Navistar und damit auch der LoneStar ganz zur Traton-Gruppe.

Ein Vertreter der 1957 eingeführten DCO-405-Serie mit Kippkabine von Diamond-T. Sie saß weit oben, weil der Cummins-Sechzylinder mit 12,2 Litern sehr hoch baute. (Foto: © Hersteller)

IH Cargostar als Militärlaster der US Army im Jahr 1975. Dieser Truck wurde von International Harvester von 1970 bis 1981 produziert.

Die International HX-Serie gibt's als HX 520 mit Cummins X15 (Bild) und als vierachsigen HX 620 (Vorlaufachse liftbar) zum Aufbau als Kran, Betonmischer und dergleichen. Beim 520er beträgt der Abstand von Vorderachse zur Stoßstange 76 cm, beim 620 dagegen stolze 127 cm. (Foto: © Hersteller)

Auf der Chicago Auto Show 2008 stellte Navistar den LoneStar vor. Serienanlauf war im August, produziert wurde im kanadischen Werk. Auch 2024 steht er noch im Programm, unter der Haube der Cummins X-15 mit 400 bis 605 PS, Gesamtgewicht 41 bis 63,5 Tonnen. (Foto: © Hersteller)

MAN Saurer. Die ersten LKW von MAN wurden in mehreren Nutzklassen von 2,0 bis 5,0 Tonnen angeboten.
(Foto: © Sammlung Westerwelle)

Schwerer Muldenkipper MAN 22.230. (Foto: © Ralf Weinreich)

Der MAN S1 H6 war 1926–1933 der stärkste Lastwagen der Welt, er leistete 150 PS. (Foto: © Sammlung Westerwelle)

Der MAN E1 Schnelllastwagen mit Vierzylinder-Diesel und 65 PS blieb nur zwei Jahre, 1935–1937, im Programm. (Foto: © Sammlung Westerwelle)

Erstes MAN-Nachkriegsmodell war der 5-Tonner MK mit 120 PS. (Foto: © Ralf Weinreich)

Ein MAN 735 L1 mit 20.000-Liter-Auflieger von Stadler. (Foto: © Ralf Weinreich)

MAN (D)

Die 1840 in Augsburg gegründete Maschinenbaufabrik fusionierte 1898 mit der Maschinenbau AG in Nürnberg. Beide legten den Hauptsitz nach Augsburg und nannten sich ab 1908 »Maschinenfabrik Augsburg-Nürnberg AG«, kurz M.A.N. 1903 begann der Konzern mit dem Bau von großen Dieselmotoren für Schiffe und Industrie, mit kleineren Dieseln für den Einsatz in Fahrzeugen hatte man noch Probleme. Autos rückten daher erst 1915 ins Programm, nachdem mit der Schweizer Firma Saurer das gemeinsame Nürnberger Unternehmen »MAN-Saurer Lastwagen GmbH« gegründet wurde. Die ersten Fahrzeuge mit Nutzlasten von 2,0 t, 3,5 t, 4,0 t und 5,0 t liefen unter der Marke MAN-Saurer. Der 2-Tonner hatte einen 30-PS-Motor, der des 3,5-Tonners leistete 36 PS, während die größeren Fahrzeuge einen 45-PS-Motor eingebaut bekamen. Im Jahre 1918 schied Saurer auf behördlichen Zwang aus der Gesellschaft aus. vom 1925 vorgestellten KVB, dem ersten MAN-Lkw der Nach-Saurer-Ära.

Diesel-Pioniere

Die Bemühungen, den Diesel-Motor kleiner und handlicher zu machen, führten in Berlin im Dezember 1924 zur Vorstellung der ersten drei MAN Diesel-Lastwagen, der die Serienproduktion der neuen Dieselmotor-Baureihe D 1580 folgte. Die ausgedehnten Versuchsreihen mündeten in einen 3,5-Tonner mit zunächst 40/45, später 55 PS. Trotz der Wirtschaftlichkeit des Motors griffen die Kunden eher zögerlich zur neuen Technik, auch wenn 1926 ein 80 PS starker MAN-Diesel den ersten schweren Dreiachser der Marke, den S1 N6 beflügelte. Die Weltwirtschaftskrise von 1929 führte zu gravierenden Absatzeinbrüchen, MAN stellte zeitweise den Bau von Diesel-Lkw zugunsten von ausschließlich Dieselmotoren ganz ein. Ab 1933 verbesserte sich die Wirtschaftslage zusehends, MAN-Laster erreichten Rekordabsatzzahlen. Das Unternehmen hatte 1932 mit dem S1 H6 den damals stärksten Diesellastwagen der Welt (Leistung: 150 PS) vorgestellt. 1937 präsentierte MAN ein komplettes Programm im neuen Design mit leicht nach hinten geneigtem Kühlergrill. Die Angebotspalette begann beim E 2 mit 65 PS und einer Nutzlast von 2,75 Tonnen und endete beim F 4 mit 150 PS und einer Nutzlast von 6,5 Tonnen. Das Typenreduzierungsprogramm (Schell-Plan) wies 1939 MAN für die Kriegsjahre den Bau von Fahrzeugen in der Klasse 4,5 und sechs Tonnen zu. Vor dem Hintergrund des enormen Bedarfs blieben aber die Lkw-Produktionszahlen stets bescheiden. Die Montagebänder von MAN hatten schwerpunktmäßig auf den Panzerbau (»Panther«) ausgerichtet werden müssen. Die Lkw-Fertigung lief mehr oder weniger nebenher.

Revolutionäre Technik

US-Truppen besetzten am 16. April 1945 die zu 80 Prozent zerstörten Nürnberger Produktionsanlagen. Erst im Herbst 1945 bekam MAN dann die Genehmigung zur Fertigung eines ersten Nachkriegslastwagens, der eigentlich ein Vorkriegslaster war. Bis 1950 war dieser Typ der einzige Lkw des Werks, dann kamen endlich neue Typen: der 5-Tonner MK 25 und der 6,5-Tonner MK 26, später auch mit Allrad.

Zur ersten großen Nachkriegs-IAA 1951 brachte MAN dann den brandneuen Achttonner F8 mit. Während die MK-Modelle mit 120- und 130-PS-Reihen-Sechszylindern bestückt wurden, verbauten die Nürnberger bei ihrem neuen Flaggschiff einen 180 PS starken V8-Dieselmotor. Als wahre Sensation galt der ab 1953 verbaute V8-M-Motor. Mit 180 PS ebenso kräftig wie der Vorgänger, arbeitete dieser Motor nach dem »Mittenkugel-Brennverfahren«. Diese M-Diesel waren leiser, sparsamer und elastischer als alle Diesel zuvor. Eine weitere große Innovation war der Turbolader für den Motortyp D 1246 M2, (neue Bezeichnung D 1246 M2 T1) mit einer Leistungssteigerung von 25 PS. MAN hatte damit das Tor zur Zukunft aufgestoßen. Ab 1954 baute MAN nur noch Fahrzeugmotoren nach dem »M-Verfahren«. 1957 begann die Produktion des 630 L2 A, des kantigen Allrad-Haubers für die Bundeswehr.

Pontonhauber und Kooperationen

Die zivilen Haubenlastwagen aber bestimmten das MAN-Lastwagenprogramm in den Fünfzigern mit ihrer »Pontonhaube«. Erst ab 1957 bot MAN auch Frontlenkertypen an, doch der erste »richtige« Dreiachser der Nachkriegsgeneration kam nicht vor 1962. 1965 umfasste das MAN-Angebot 15 Grundmodelle; Flaggschiff war die schwere Dreiachs-Sattelzugmaschine 14.230 mit Großraum-Fahrerhaus. Ab 1967 intensivierte sich dann eine bereits bestehende Zusammenarbeit mit der Renault-Tochter Saviem, was unter anderem zum neuen F8-Fahrerhaus führte, das beide Marken 20 Jahre lang verwendeten. Im September 1970 kam es zwischen MAN und der Daimler-Benz AG zu einer Kooperation in der Motoren- und Achsenfertigung, was zum Komponentenmotor D 25 (der nach dem M-Verfahren arbeitete) und zum Diesel-Direkteinspritzer OM 400 bei Daimler-Benz führte. Der Zusammenarbeit von MAN, Klöckner-Humboldt-Deutz, Büssing, Krupp und Henschel entsprangen die neuen geländegängigen Bundeswehr-Kat-1-Lkw in den Nutzlastklassen 5 t (Zweiachser, 4x4), 7 t (Dreiachser, 6x6) und 10 t (Vierachser, 8x8). Die Motoren stammten von KHD, die Rahmen kamen von Rheinstahl.

Im Jahre 1971 übernahm MAN die traditionsreichen Büssing-Werke und führte unter der Bezeichnung MAN-Büssing in erster Linie das Unterflurprogramm weiter.

Nach der Übernahme von Büssing durch MAN wurde das alte Fahrerhaus weiter verwendet. Erst als die Bestände aufgebraucht waren, wurden die MAN-Hütten verwendet. (Foto: © MAN Truck & Bus AG)

Der MAN 16.186 FN als Tanker zur Lieferung von Heizöl. Die Leistung lag, wie aus der Typenbezeichnung ersichtlich, bei 186 PS. Gebaut wurde er zwischen 1967 und 1973.
(Foto: © Sammlung Westerwelle)

Sattelzugmaschine MAN 33.464 (F 90) in Diensten der 1990 gegründeten Spedition Bothur im sächsischen Großenhain.
(Foto: © Ralf Weinreich)

Collett & Sons gehört zu den bekanntesten Schwerlastspeditionen auf der britischen Insel. Gegründet 1928 in Halifax, verfügt Collett über eine Flotte von 68 Sattelzugmaschinen und verschiedene Anhängerkombinationen mit einer Gesamttragfähigkeit von 11.537 Tonnen. So viel wiegt die Buccaneer aber nicht: Leer bringt sie nicht mehr als 14 Tonnen auf den Trailer. (Foto: © ShellAsp/ CC-BY-SA 4.0)

Der auf der IAA Transportation 2022 ausgestellte seriennahe Prototyp des MAN eTruck gibt einen Ausblick auf den künftigen emissionsfreien batterrieelektrischen Antrieb in Fernverkehrsfahrzeugen von MAN. (Foto: © MAN Truck & Bus AG)

Für den Güterfernverkehr bot MAN ab 1987 die schwere Sattelzugmaschine 19.462 FS mit 460-PS-V10-Motor an. Mit dieser Leistung war MAN zu dieser Zeit die Nr. 1 auf Europas Straßen. (Foto: © MAN Truck & Bus AG)

MANs F 2000 – hier als FE 19.603 – war 1994 vorgestellt worden. Optisch noch sehr nahe am F 90, war er technisch aber sehr fortschrittlich. (Foto: © MAN Truck & Bus AG)

Im Jahr 2012 stellte MAN die Lastwagenbaureihen TGL, TGM, TGS und TGX vor. (Foto: © MAN Truck & Bus AG)

Einer von 60 neuen MAN TGS 26.440, welche Imperial Cargo in Südafrika im Februar 2015 übernahm. (Foto: © MAN Truck & Bus AG)

Ab 1972 zierte das Emblem des Welfenherzogs Heinrich der Löwe nun auch den Kühlergrill der MAN-Fahrzeuge. Ebenfalls 1971 hatte MAN den österreichischen Hersteller Gräf & Stift (ÖAF) erworben, in der zweiten Hälfte des Jahrzehnts kam es zur ersten Zusammenarbeit mit dem Volkswagenwerk. Weitere Zusammenschlüsse und Übernahmen folgten: 1990 kam die Steyr Nutzfahrzeuge AG (Österreich) unter das Dach von MAN, 2000/2001 folgten Star Trucks (Polen), ERF (Großbritannien) und der Bushersteller Gottlob Auwärter (»Neoplan«).

Natürlich gab es auch auf der Produktseite ständig neue Entwicklungen: Die ersten echten »Mittelklässler« gab es von MAN ab dem Frühjahr 1983 in der Klasse von zwölf bis 16 Tonnen, drei Jahre später kam mit dem Typ F 90 die nächste Schwerlastwagen-Baureihe mit völlig neuer Kabine (»Fahrerhaus 90«). Als Standardmotor kam der 11,9-Liter-Saugmotor mit 290 PS, in der Turboladerversion bis 360 PS, zum Einbau, als 19.462 FLS von 1987 war ein MAN der stärkste Fernverkehrs-Lastzug in Europa. Kurz darauf wurden die neuen Mittelschweren (M 90) präsentiert, gefolgt vom F 2000, der die letzten Unterflurmotoren und Hauber in Rente schickte. Auch die Motorenpalette wurde ständig erweitert, in der D 28-Reihe lag das Spektrum zwischen 340 und 460 PS. Topmotor war der V10-Diesel im F 90 mit bis zu 600 PS.

Mit Trucknology ins neue Jahrtausend

Mit dem neuen Jahrtausend präsentierte MAN eine ganz neue Lkw-Generation unter dem Schlagwort »Trucknology«. Erster Vertreter dieser neuen Baureihe war der TGA (= schwere Gewichtsklasse) mit der XXL-Kabine und 310 bis 510 PS. 2001 folgte der V10-Diesel in Common Rail-Technik für Schwerlasteinsätze mit 700 PS. Bei den Baureihen TGX (Fernverkehr, drei Fahrerhäuser) und TGS (Verteilerverkehr, drei kompaktere Kabinen) setzte MAN im Hinblick auf eine höhere Nutzlast ebenso konsequent auf Leichtbau wie bei den mittelschweren TGM (Gesamtgewichte von 13 bis 26 Tonnen) sowie den leichteren TGL in der Klasse von sieben bis zwölf Tonnen. Nach der Jahrtausendwende sah MAN im Volkswagenkonzern den logischen Kooperationspartner. Die Wolfsburger hielten zu der Zeit 18,7 Prozent der Scania-Anteile und hatten in Brasilien ein Lkw-Werk, belieferten aber nicht den europäischen Markt. 2006 legte MAN ein Übernahme-Angebot für Scania vor. VW machte sich nach kurzem Zögern aber für eine Dreier-Fusion stark, wobei der Dritte im Bund die brasilianische VW-Nutzfahrzeugtochter sein sollte. Im Februar 2006 hielt VW bereits ein Drittel der MAN-Anteile. Inzwischen sind alle Truck-Marken des Konzerns in der Traton-Gruppe aufgegangen.

SCANIA (S)

Der spätere Lkw- und Omnibus-Hersteller Scania entstand aus der Verschmelzung zweier schwedischer Firmen im Jahr 1911, der Fahrradvertretung »Scania« und dem Kutschenwagenproduzenten »Vabis«. Beide begannen unabhängig voneinander mit der Entwicklung von Verbrennungsmotoren und damit ausgerüsteten Fahrzeugen. Scania stellte seinen ersten Lastwagen, den kettengetriebenen »Type A Tonneau«, 1903 fertig, Vabis war mit dem seinen schon ein Jahr früher fertig. Während sich Scania meist auf niedrigere Nutzlasten beschränkte, bot Vabis Lkw bis zu 8 Tonnen an. Doch alle Lkw entstanden praktisch nur auf Kundenwunsch.

Scania-Vabis Typ 33519 von 1941, kriegsbedingt mit Holzgas-Antrieb. Weil die Leistung so schlecht war, wurde dieser 335 auf den 10,3 Liter Achtzylinder-Motor umgestellt. (Foto: © Scania CV AB)

Phoenix aus der Asche

Nach dem Ersten Weltkrieg lag die Wirtschaft am Boden, 1921 war der Betrieb Bankrott. Noch im selben Jahr gründete sich Scania-Vabis neu und entwickelte nun kosteneffektiv Laster mit standardisierten Komponenten und modernerer Ausstattung, ausgelegt auf eine Serienfertigung. 1925 stellten die Schweden die schweren Lkw der Reihen 314 mit 36 PS und 324 mit 75 bis 80 PS vor. 1931 folgte der 4- bis 5-Tonner 335 mit 80 PS. Den Bau von Pkw beendete die Firma 1929. Alle bisherigen Lastwagen von Scania-Vabis waren Haubenfahrzeuge gewesen, doch 1933 versuchte das Unternehmen sich erstmals an einem Frontlenker, dem 50–80 PS starken Typ 345 mit 4,5 Tonnen und dem bezeichnenden Zusatz »Bulldog«. Da in Schweden aber Frontlenker noch kein Thema waren, hatte Scania-Vabis aber keinen Erfolg und begann erst wieder in den 60er Jahren damit, diesmal aber mit durchschlagendem Erfolg europaweit. Erste Experimente mit Dieselmotoren begannen ab 1927, Mitte der 30er Jahre war Scania so weit, Dieselaggregate serienmäßig zu fertigen. Während des Zweiten Weltkriegs wurden die Laster jedoch auf Gasgeneratoren umgestellt. Die verhaltene Nachfrage nach zivilen Lkw konnte Scania-Vabis mit der Auslieferung von Militärlastern ausgleichen. Nach einem Zwangsjahr mit ausschließlich militärisch genutzten Brummern stellten die Schweden 1944 mit den 8,5-Tonnern F10 (Allradversion) und L10 (Scanias erster Linkslenker) sowie den schwereren L20 4x2 (10–11 Tonnen) und LS20 6x2 (15 Tonnen) eine neue zivile Lastergeneration vor.

Dank VW zum großen Händlernetz

1948 wurde Scania-Vabis Generalimporteur für Volkswagen in Schweden und konnte so sein heimisches Händler- und Werkstattnetz ausbauen. Ab 1953 erneuerte der Lastwagenbauer seine Modellpalette mit den schweren Haubenlastern L51 (100 PS), dem Zweiachser L71 und dem Dreiachser LS71, die letzteren beiden mit 150-PS-Direkteinspritzer-Diesel. Fünf Jahre später folgten die-

Scania-Vabis LT75 6x4 mit Meiller-Kippmulde, Traglast 15 Tonnen; 1958–1963. (Foto: © Scania CV AB)

Scania LBS 110 mit Spezialaufbau zum Transport staubförmiger Güter. (Foto: © Scania CV AB)

Scanias Serie-3-Familie wurde zwischen 1988 und 1995 gebaut, hier erreichten die Schweden zum ersten Mal die 500-PS-Marke. (Foto: © Scania CV AB / Jonas Nordin)

Scania T 124 Tanker. (Foto: © Scania CV AB)

Huckepack: Der betagte, aber toprestaurierte L110-Muldenkipper darf auf dem Doll-Auflieger des Scania 540 S 6x4 mitfahren. (Foto: © Scania / Rasmus Ehrengren 2019)

Scania R124 4x2 470 mit Sattelauflieger. Die Reihe R124 erschien ursprünglich in den 90er Jahren. Das Modell 470 verfügt über bis zu 470 PS Leistung. (Foto: © Scania CV AB)

Im Vordergrund zu sehen: der 40-Tonner Scania R 730 aus der aerodynamisch optimierten Streamline-Serie. Er bezieht 730 PS aus seinem 16,4-l-V8-Common-Rail-Diesel. (Foto: © Scania CV AB)

sen sukzessive die Modelle L55 (120 PS), L75 (165 PS) und LS75 (200 PS) mit neuen Sechszylinder-Motoren nach. Mit Beginn der 60er Jahre – einhergehend mit dem Bau von Werkstätten in Brasilien und den Niederlanden – hielt die nächste, wiederum leistungsgesteigerte Lkw-Reihe ihren Einzug: L56, L76 und LBS76. Der Letztere stach heraus: LBS76 war der erste Scania-Frontlenker seit 30 Jahren. Sein Design wirkte zwar leicht altmodisch, dennoch waren er – und vor allem seine deutlich moderneren Nachfolger LB80 und LB110 von 1968 – der Türöffner für den europäischen Markt. 1968 kam es zur Fusion mit dem schwedischen Rüstungskonzern und Pkw-Hersteller SAAB. Von nun an trugen die Fahrzeuge lediglich noch die Aufschrift »Scania« auf der Haube.

Auch Hauber im Angebot

Den Generationswechsel läutete 1974 die »Serie 1« ein. L81, L111 und L141 hießen die Modelle, doch der Wechsel war unspektakulär, vor allem äußerlich tat sich wenig. Die Motorleistung des stärksten Typs erhöhte sich auf 375 PS. Mit Beginn der 80er Jahre führte Scania die »Serie 2« ein. Die Fahrzeuge (82, 112, 142) erhielten neue Fahrerkabinen und abermals stärkere Motoren mit 8 bis 14 Litern Hubraum. Der 1982 vorgestellte V8-Diesel war mit 420 PS der stärkste in Europa. Mit den vorangestellten Buchstaben wurden die Lkw charakterisiert: P stand für eine niedrige, R für eine hohe Kabine und T für ein Haubenfahrzeug. 1988 erfolgte die Wachablösung in Form der »Serie 3« (93, 113, 143). Neben der Ausstattung mit neuer Technik und neuen Fahrerkabinen erhielt wiederum die Motorleistung einen deutlichen Schub nach oben, zuerst wurde die 470-PS-Marke erreicht, später lag die höchste angebotene Motorleistung sogar bei über 500 PS. Mitte der 90er Jahre – die Verbindung mit SAAB war nun beendet – ersetzte die »Serie 4« ihre Vorgängerin mit den Modellen 94, 114, 124 und 144. Die vorangestellten Buchstaben wurden beibehalten. Die Kabinen wurden nun rundlicher, verloren das Kantige der letzten 20 Jahre. Die Motorleistungen bewegten sich zwischen 230 und 530 PS; im Jahr 2000 sogar gesteigert auf 580 PS. Immer noch standen neben Frontlenkern auch Haubenfahrzeuge im Angebot. Erst seit 2005 und dem Wechsel zur »Serie 5« baut Scania kein Hauber mehr.

Seit 2009 bildet die »Serie 6« das Lkw-Angebot von Scania. Nach wie vor konzentriert sich Scania auf die Produktion schwerer Lastwagen. Hier haben die Schweden die Messlatte bei ihrem V8-Motor inzwischen auf 770 PS nach oben gelegt; Scania setzt als einziger europäischer Lkw-Hersteller auf V8-Motoren.

TRATON GROUP

VOLKSWAGEN DO BRASIL (BR)

Nutzfahrzeuge baut Volkswagen in Brasilien seit 1979, als die Wolfsburger zunächst 67 % der Chrysler Motors do Brasil Ltd. übernahmen und das Unternehmen kurz darauf ganz schluckten. Die nunmehrige Volkswagen Caminhões Ltda führte wiederum ein Jahr später ihre ersten Lastwagen auf Basis des VW-LT ein. Für Vortrieb sorgten im 11.130 und 13.130 MWM-Diesel, die noch unter Chrysler-Ägide entstanden waren. 1995 fiel der Startschuss für den Bau eines großen Werkes in Brasilien, die Nutzfahrzeugfabrik Resende ging 1996 in Betrieb. Zunächst konzentrierte sich Volkswagen dort auf die Entwicklung und die Montage zugelieferter Komponenten, baute aber den Local Content – also den Anteil der vor Ort produzierten Komponenten – stetig aus. Seit 2000 werden in Brasilien auch schwere Lastwagen gebaut. Das VW-MAN-Spektrum umfasst vier Lkw-Familien: Die leichten Delivery bis etwa zehn Tonnen Gesamtgewicht haben Cummins-Motoren. Die mittelschwere Worker-Reihe umfasst Modelle von acht bis 31 Tonnen. Der Kunde kann zwischen den mechanisch und elektronisch gesteuerten Cummins- und MWM-Motorisierungen wählen, wobei moderne Common-Rail-Kraftstoffeinspritzer ebenso lieferbar sind wie mechanisch gesteuerte Diesel. Oberhalb der Worker-Familie angesiedelt ist die 2006 präsentierte Constellation-Reihe mit Cummins-Motoren. Die Schwerlastwagen decken das Spektrum von 13 bis 57 Tonnen ab und sind in Brasilien allgegenwärtig, werden aber auch in Südafrika und Mexiko gebaut. Die Motoren stammen aus dem MAN-Baukasten, die Lastwagen werden aber unter dem VW-Markenzeichen verkauft. Seit über einem Dutzend Jahre ist Volkswagen Truck & Bus Marktführer bei den Lkw, drei der zehn meistverkauften Lkw in Brasilien stammen von MAN Latin America, wobei meist ein »VW Constellation« an der Spitze steht.

Flugfeldtanker Volkswagen Worker 17-210 vor einem Airbus A320 der brasilianischen Fluggesellschaft TAM. (Foto: © Deni Williams, CC-BY-SA-2.0)

Der VW Constellation 31.370 6x4 erschien zum Modelljahr 2014 und war für den Off-Road-Einsatz und den Gütertransport entwickelt worden. (Foto: © MAN SE)

Aus TGX wird Meteor

2020 ist ihm aber ein Konkurrent aus eigenem Hause erwachsen, denn mit dem »Meteor« gibt es nun noch einen schweren VW-Truck. War bislang bei 57 Tonnen Schluss, sind nun bis zu 74 Tonnen möglich. Angetrieben wird der Meteor vom D26-Sechszylinder aus dem Hause MAN, der neuerdings auch in Brasilien gefertigt wird. Wahlweise 460 oder 520 PS leistet das Triebwerk und ist an das automatisierte Traxon-Getriebe mit wahlweise 12 oder 16 Gängen von ZF gekoppelt. Der Innenraum präsentiert sich im Layout der in Europa 2018 abgelösten TGX-Vorgängergeneration und blieb, vom Lenkrad im Volkswagendesign weitestgehend unangetastet.

Volkswagen Trucks and Buses stellte Anfang September 2020 zwei neue Modelle vor: Meteor 28.460 (6x2) und Meteor 29.520 (6x4). Dabei handelte es sich um umetikettierte MAN TGX, bestimmt für den südamerikanischen Markt mit Gesamtgewichten von 48,5 bis 74 Tonnen. (Foto: © MAN Truck & Bus AG)

VOLVO GROUP

Volvo Trucks ist Teil der Volvo Group mit 102.000 Mitarbeitern, einer Präsenz in 190 Märkten und Produktionsstandorten in 18 Ländern. Die Gruppe steht aber nicht nur für Lkw, sondern bietet auch Busse, Baumaschinen, Stromversorgungslösungen für Marine- und Industrieanwendungen, Finanzierung und Dienstleistungen an. Die Volvo Group hat ihren Sitz in Göteborg, Schweden.

Zu den Marken gehören – neben Volvo Truck – die Marken Volvo Penta, Rokbak, Renault Trucks, Prevost, Nova Bus, Mack und Arquus. Außerdem arbeitet man an Allianzen und Joint Ventures mit SDLG, Milence, Eicher, Dongfeng und cellcentric.

Generationentreffen zum FH-Jubiläum (Foto: © Hersteller)

Auch die amerikanische Truck-Marke GMC gehörte zur Volvo Group. In Europa waren vor allem die Militär-Lkw dieser Marke bekannt. Oft wurden diese dann für zivile Zwecke eingesetzt – wie auf dem Flughafen Zürich zur Flugfeld-Enteisung. (Foto: © ETH Zürich, Bildarchiv)

Berliet baute bis 1980, zuletzt unter dem Dach von Renault, schwere Lkw, die sich besonders in Afrika großer Beliebtheit erfreuten. Hier ein schwerer GB 7. (Foto: © Hersteller)

Die Marke Brockway war zum Zeitpunkt der Übernahme von Mack durch Volvo bereits Geschichte. (Foto: © Hersteller)

VOLVO GROUP

MACK (USA)

Im Jahr 1893 übernahmen die Brüder Jack und Augustus Mack die im New Yorker Stadtteil Brooklyn angesiedelte Wagnerei »Fallesen & Berry«, in der sie gerade einmal drei Jahre zuvor als Angestellte begonnen hatten. Dann starteten sie Experimente mit Dampf- und Elektrofahrzeugen, um dann mit Beginn des neuen Jahrhunderts die »Mack Brothers Company« zu gründen und Busse zu bauen. Einen Umzug später entstanden 1909 die ersten Lkw, 1911 erfolgte die Übernahme durch die US-Tochter der Schweizer Firma Saurer. Im Krieg wurden Militär-Lkw gebaut, der Typ AC von 1916 wurde zur Legende, erhielt den Spitznamen »Bulldogge«, was zum späteren Mack-Markenemblem führte. Stolze 40.000 Stück wurden davon verkauft.

Mack B61 6x4 von 1963 mit Thermodyne-Dieselmotor. Die B-Reihe von Mack erschien in den Jahren zwischen 1953 und 1966 und war eine der erfolgreichsten des Herstellers. (Foto: © Hersteller)

Viele neue Modelle

Nach dem Krieg folgte der logische Ausbau der Modellpalette in höhere Gewichts- und Leistungsklassen; der bediente Mack AP (1926) war der erste Muldenkipper, 1927 kamen die Erfolgsmodelle BJ und BB, 1936 die stromlinienförmige mittelschwere E-Serie mit einem Gesamtgewicht von bis zu 23 Tonnen. Die Serie lief bis 1951, auch als Frontlenker. Ende der 30er Jahre entwickelte Mack – untypisch für US-amerikanische Truckhersteller – den ersten eigenen Dieselmotor. Im Zweiten Weltkrieg fungierte Mack erneut als großer Lastwagen-Lieferant – nicht nur der US-Army –, lieferte aber zudem Bergefahrzeuge, Panzertransporter und Mannschaftswagen. Über 35.000 Fahrzeuge gingen an die Alliierten. Zu diesen Trucks gehörten die N-Serie sowie ab 1940 u. a. das Modell L und ab 1943 der Typ LR. Letzterem folgte ab 1948 der Mack LV nach. Produziert wurden diese Schwerlaster bis ins Jahr 1956, der LV bis 1961.

In den 50er Jahren stellten die Amerikaner die neuen Laster-Modelle G, H und B vor: Der G und H waren Frontlenker, der eine mit Vollaluminium-Karosserie, der andere mit ungewöhnlich hoher Hütte, was ihm den Spitznamen »Cherry Pickers« (Kirschpflücker) einbrachte. Besondere Berühmtheit erlangte jedoch der Mack B. 1953 eingeführt, entwickelte er sich zu einem der erfolgreichsten Fahrzeuge des Unternehmens. Er punktete mit seinem neuen Design und dem »Thermodyne«, einem Diesel-Direkteinspritzer. Darüber hinaus bot er eine besonders große Modellvielfalt. Erst 1966 ersetzte ihn Mack durch die bis zu 440 PS starke R-Reihe, die erst 2006 (!) endgültig in Rente ging. Ähnlich langlebig waren auch die Frontlenker der F-Serie (1962–1979), zu haben mit einer breiten Motorenpalette und großer Sleeper-Kabine.

Mack-Sattelschlepper der R-Serie von 1967. Diese Reihe ersetzte ab 1966 die B-Modelle und wurde 40 Jahre lang gebaut. Dieser R700L spielte bei einer TV-Serie eine große Rolle. (Foto: © Hersteller)

Der Mack FS786LST-Frontlenker-Showtruck gehörte dem US-Motorradstuntman Evel Knievel. Bekannt war dieses Modell von 1974 unter dem Namen »Big Red«. (Foto: © Hersteller)

Dieser Mack kommt bei der Großbaumverpflanzung zum Einsatz. Er transportiert einen Baum mit Hilfe eines 110 Dutchman Truck Spade. Mit dieser Großspatenmaschine lassen sich Wurzelballen mit bis zu drei Metern Durchmesser abstechen. (Foto: © Dutchmanindustries)

Dieser Mack MH613 von 1986 war als Flugfeld-Tanker unterwegs. Der Auflieger stammte von Ackerman. (Foto: © Hersteller)

Schwere Transportaufgaben gehören zu seinem Metier: Australischer Mack Titan 6x2 mit dem 605 PS starken 16-Liter-MP10-Motor. (Foto: © Hersteller)

Nur noch in Australien werden Mack Super-Liner hergestellt. 600 bis 685 PS beziehen sie aus ihrem 16-Liter-MP10-Dieselmotor. Damit sind sie auch für schwerste Transport- und Zugaufgaben gerüstet. Sondermodell von 2019. (Foto: © Hersteller)

1970er Mack M75SX Schwerlast-Zugmaschine mit 800 PS-Cummins-Motor und Mack PlaniDrive Planeten-Hinterachse. (Foto: © Hersteller)

Goldene Sechziger

In den goldenen Sechzigern expandierte Mack weltweit und eröffnete Montagewerke auf anderen Kontinenten. Das zehrte an den Reserven, Ende des Jahrzehnts geriet das Unternehmen in Zahlungsnot und musste sich mit der »Signal & Oil Company« zusammentun. So gestärkt, gelangen weitere Innovationen wie der Maxidyne-Diesel, das Maxitorque-Getriebe sowie die luftgefederte Kabine.

Im nächsten Jahrzehnt brachten die Amerikaner als Frontlenker-Flaggschiffe für den Fernverkehr die Cruise-Liner-Serie W auf den Markt sowie die neuen Haubenfahrzeuge namens Super-Liner; das waren Schwerlaster, die bis Anfang der 90er Jahre produziert wurden und deren Kabinenkonstruktion besonderen Wert auf das Wohlbefinden des Fahrers legte. 1978 stellte Mack mit der MC/MR-Reihe Lastwagen mit niedriger Kabine und einer hohen Manövrierfähigkeit vor. Ein Jahr danach begann der Einstieg von Renault in den amerikanischen Betrieb, zunächst nur mit einem zehnprozentigen Anteil. Diesen allerdings erhöhten die Franzosen in den kommenden Jahren ständig, bis schließlich 1990 Mack Trucks vollständig in den Besitz der Renault-Tochter RVI überging, wodurch in den USA einer der größten Anbieter von Schwerlast-Dieselfahrzeugen entstand. Noch in den Achtzigern hatte Mack die 500 PS starke Ultra-Liner-Serie MH auf den Markt gebracht, deren Fahrerkabine vollständig aus Verbundmaterial bestand. Für den Nahverkehr erschienen die Mack Midliner, erstmals von RVI in Frankreich gebaut, und für den Fernverkehr die neue CH-Reihe. Ende der 90er Jahre stellte Mack sein neues Premium-Modell für den Fernverkehr vor, den Sattelschlepper Mack Vision, der 2006 vom Pinnacle abgelöst wurde.

Von RVI zu Volvo

Mit Beginn des neuen Jahrtausends kam es einmal mehr zu Änderungen in der Firmenstruktur, RVI – und damit auch Mack – gingen in den Besitz von Volvo über. In den kommenden Jahren erschienen die neuen Lastwagen-Reihen, die – überarbeitet – im Wesentlichen bis heute die Modellpalette von Mack bilden. Dazu gehören Baufahrzeuge wie die mittelschwere Granite-Reihe (seit 2001) oder auch die über 600 PS starken Trucks der Titan-Reihe, die 1995 für Australien eingeführt wurden und zwischen 2008 und 2017 auch in den USA zu haben waren. Typische Einsatzbereiche sind die Holzwirtschaft, der Bergbau, die Ölfelder und der Schwerlasttransport bis 250 Tonnen. Mack ist heute ganz stark im Geschäft mit Kommunalfahrzeugen und im Rüstungsbereich. Für Schwerlastaufgaben gibt es die schweren Class 8-Hauber der im Herbst 2017 präsentierten Pinnacle-Nachfolgereihe »Anthem«.

Latil baute 1915 Frankreichs ersten 4x4-Lkw, eine Zugmaschine nach amerikanischen Vorbild. (Foto: © PD)

Latil, Renault Truck und Somua schlossen sich zur Saviem zusammen. Saviem und Berliet fusionierten 1978 zur Renault Véhicules Industriels RVI. (Foto: © Hersteller)

Renault Trucks E-Tech C 8x4 Tridem, aufgenommen im April 2024 von Roussel Marine in einer Kiesgrube bei Lyon: Dank des elektrischen Antriebs ideal für innerstädtische Baustellen. (Foto: © Hersteller)

In Saint-Astier (Frankreich) werden Kalk und Gips abgebaut. Im Untertagebau ist der Renault CBH 320, ein entfernter Nachfahre des Berliet GBC 8 KT, im Einsatz. (Foto: © Père Igor, CC-BY-SA-4.0)

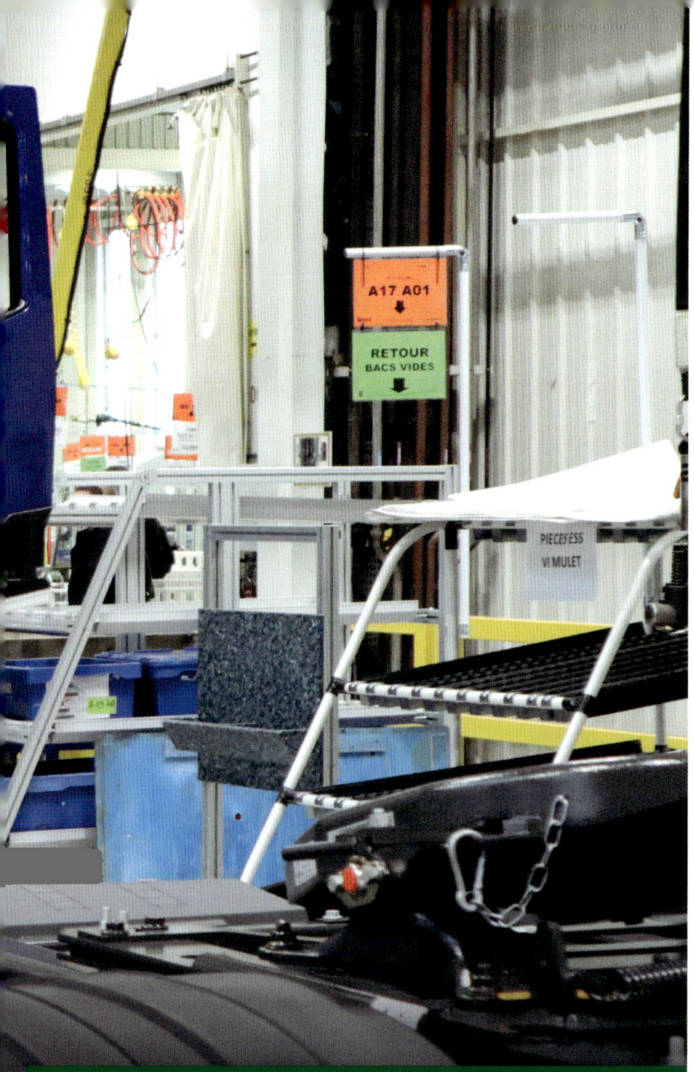

Ende 2023 nahm Renault eine neue Fertigungslinie für die Produktion der 44-Tonnen Renault Trucks E-Tech T und C Electric Trucks in Bourg-en-Bresse in Betrieb. (Foto: © Renault Trucks)

Truck of the Year 1991: Renault Magnum AE 520. Der Lkw wurde bis 2013 gebaut und war der erste, bei dem Motor und Kabine komplett getrennt waren. (Foto: © Renault)

RENAULT (F)

Die Automobilmanufaktur der Brüder Renault wurde 1898 gegründet. In dieser Frühzeit des Automobils existierte noch keine klare Trennung von Personen- und Nutzfahrzeugen. Der erste Renault-Lastwagen, so man ihn denn so nennen möchte, entstand um 1900 auf Chassis eines Einzylinder-Pkw mit Dreiganggetriebe, Kardanantrieb und einer Zuladung von 0,25 Tonnen. 1908 begann die Firma in Billancourt mit dem systematischen Ausbau eines Nutzfahrzeugprogramms, das die Nutzlastklassen von 0,7 bis 3,5 Tonnen abdeckte. Bis Kriegsausbruch 1914 folgten weitere Drei- und Fünftonner sowie Allrad-Zugmaschinen für das Militär. Flaggschiff der Nutzfahrzeugreihe war der 7-Tonnen-FU-Typ mit Vierzylinder-Motor und 25 PS. Während des Kriegs stellte das Familienunternehmen monatlich rund 300 Lastwagen und Artillerieschlepper her.

Schwierige Rahmenbedingungen

Nach Kriegsende verkauft die Armee rund 70.000 Last- und Lieferwagen an zivile Nutzer, die daher keinen neuen Lastwagen kauften. Dazu kam eine Industriepolitik, welche den Schienenverkehr bevorzugte, was dazu führte, dass Renault sich auf leichte und mittelschwere Lastwagen für den Nah- und Verteilerverkehr konzentrierte und Berliet das Feld der schweren Lkw überließ. Erst in den Dreißigern stieß Renault mit Dreiachsern wieder in die schweren Klassen vor. Am Vorabend des Zweiten Weltkriegs gab es Renault-Nutzfahrzeuge in den Nutzlastklassen von 0,4 bis 20 Tonnen. Nach 1945 waren es, wiederum staatlich gelenkt (»Pons-Plan«) zunächst Lieferwagen und Transporter, die unter dem Renault-Rhombus erschienen. Das Geschäft mit den mittelschweren und schweren Lastwagen blieb für alle schwierig, wieder gab es gewaltige Restbestände an US-Lkw und eine ungünstige Verkehrspolitik. Schwerster Renault der frühen Nachkriegszeit war der R4153, ein 15-Tonner mit 120 PS starkem Unterflur-Diesel.

Fusionen führen zur Volvo Truck Group

Die Industriepolitik der 1950er führte zu zahlreichen Fusionen in der Truck-Branche: Berliet übernahm 1956 Rochet-Schneider und wurde seinerseits 1967 von Citroën geschluckt. Renaults Nutzfahrzeugsparte wiederum fusionierte 1955 mit Latil und Somua zur »Saviem«, später hatten daran die kleineren Hersteller Floirat und Chausson angedockt. 1974 fusionierten Citroën und Peugeot. Citroëns Nutzfahrzeugsparte dagegen – Berliet – ging an Renault und dessen Nutzfahrzeugsparte Saviem. Beide Bereiche wurden 1978 zusammengelegt zur »Renault Véhicles Industriels«, die wiederum seit 2001 zur Volvo Truck Group gehört.

VOLVO GROUP

VOLVO (S)

Der Name »Volvo« war bereits seit 1915 in Verwendung für eine eingetragene, aber noch inaktive Tochterfirma des schwedischen Kugellagerherstellers SKF. Der dort angestellte Mitarbeiter Assar Gabrielsson und der ehemalige Mitarbeiter Gustaf Larson entwickelten in den 20er Jahren den Plan, eigene robuste Personen- und Lastkraftwagen zu konstruieren, die an das raue schwedische Klima angepasst waren. 1926 schlossen beide mit SKF einen Vertrag, der die Aktivierung der Tochter Volvo vorsah, mit dem Zweck, in Zukunft hier Kraftfahrzeuge zu produzieren. Ein Jahr nach Vorstellung des ersten Personenwagens konnten Gabrielsson und Larson 1928 dann ihren ersten Lastwagen präsentieren. Der 1,5-Tonner »Series 1« mit Wellenantrieb, Luftreifen und 28 PS wurde sofort zu einem Erfolg und war schnell ausverkauft. Volvo hatte auf sich aufmerksam gemacht, enttäuschte aber zunächst mit einigen weniger gut gelungenen Nachfolgemodellen, bis es 1932 die LV-Reihen mit 2,5 bis 9 Tonnen Nutzlast an den Start brachte. In den späten 30er Jahren entwickelten sich die Reihen LV8 und 9 zu Schwedens Standard-Lastwagen. Diese 4-Tonnner warteten mit neuen, attraktiveren Fahrerkabinen sowie einer besseren Gewichtsverteilung aufgrund der zurückgenommenen Vorderachse auf. Als Alternative zu einem Benzinmotor stand erstmals ein Hesselman-Diesel zur Wahl, das war ein Mittelding zwischen einem Benziner und einem Diesel. Damit stieg Volvo zum führenden schwedischen Lastwagenbauer auf. Im Krieg produzierte Volvo Militär-Lkw, vor allem mittelschwere Allradfahrzeuge, die »Roundnose«-Laster, offiziell Bezeichnung LV120 bis LV 154, zumeist mit Holzgasgeneratoren. Darüber angesiedelt waren die schweren »Longnose«-Modelle (LV180/190 und LV290) mit Leistungen von 90 bis 150 PS, darunter die leichten »Sharpnose«-Laster (LV101–202) mit 50 bis 86 PS.

Der LV290, gebaut zwischen 1937 und 1951, war mit 13 Tonnen Nutzlast der bis dahin schwerste Volvo überhaupt gewesen.
(Foto: © Hersteller)

Neue Nachkriegsentwicklungen

Nach 1954 präsentierte Volvo neue Lkw-Baureihen. Sie hießen Volvo Brake, Starke oder Raske mit Zuladungen von 4,5–5 Tonnen. In der schweren Gewichtsklasse ersetzte der L395 Titan seine Vorgänger. Er präsentierte sich mit breiterer Motorhaube, einem 130–150 PS starken Sechszylinder-Diesel und zehn Tonnen Nutzlast. Der Titan wurde zu einem der bekanntesten Lastwagen von Volvo, ab 1959 war er als L495 Titan mit einem Turbodiesel erhältlich, der die Leistung auf 185 PS erhöhte. Acht Tonnen Nutzlast und 115 PS bot der 1953 erschienene, etwas kleinere L385 Viking. Volvo expandierte in diesen Jahren und eröffnete Werke in der ganzen Welt, so z. B. in Afrika, Südamerika, Kuba, im Nahen Osten, in der Türkei und anderswo. Der Durchbruch im zentralen europäischen Markt stand dagegen noch aus.

Der leistungsstärkste Volvo-Laster in der ersten Hälfte der 60er Jahre: der L495 Titan. Häufig war er, wie auf dem Bild, im Baugewerbe anzutreffen. (Foto: © Hersteller)

Europas leistungsstärkster Laster (330 PS) im Jahr 1970 hieß Volvo F89. Er kam sowohl im Fernverkehr wie auch für spezielle Aufgaben zum Einsatz. (Foto: © Hersteller)

Eine Variante des F88 war der Volvo G88, der von 1970 bis 1978 produziert wurde. Seine vorwärtsverlagerte Vorderachse unterschied ihn von ersterem. (Foto: © Hersteller)

FH16 mit Globetrotter-Fahrerhaus als »Road Train«. Die Motorleistung lag zu Beginn der 2000er Jahre bei 550–750 PS. (Foto: © Hersteller)

FM 440 aus brasilianischer Fertigung beim Zuckerrohr-Transport. (Foto: © Hersteller)

Zur Feier der Markteinführung des Volvo FH im Jahr 1993 stellt Volvo Trucks die Volvo FH 25 Year Edition vor. Das Fahrzeug ist seit Juni 2018 als Volvo FH und als Volvo FH16 erhältlich. (Foto: © Hersteller)

Vertreter der zweiten FMX-Generation von 2021, hier als 10x4 für schwerste Anwendungen. (Foto: © Hersteller)

Moderne Frontlenker für den Fernverkehr

Anfang der Sechziger führte Volvo die »Tiptop«-Reihe ein. Erster dieser modernen Frontlenkerreihe war der mittelschwere Raske Tiptop von 1962, die Überarbeitung des Titan zum L4951 Titan Tiptop folgte 1964. Diese Frontlenker kamen mit kippbarem Fahrerhaus sowie neu entwickelten Motoren und Getrieben. Zum endgültigen Türöffner nach Europa wurde schließlich 1965 die von vorneherein auf den Export zielende schwere »System 8«-Reihe. Die Zahl »8« bezog sich hierbei auf die Anzahl der überarbeiteten Komponenten, angefangen vom Motor über das Getriebe bis hin zum Chassis. Das Modell F88 startete bei 200 und 260 PS, seine Ergänzung F89 ab 1970 war mit ihrem Turbodiesel sogar 330 PS stark. Der große internationale Erfolg dieser Modellreihen zog weitere Werksgründungen von Australien bis Brasilien nach sich.

Volvo Trucks heute

1971 rückten im Zuge der weltweiten Expansion erstmals seit Jahren wieder Hauber in den Focus. Die Modellreihen N7, N10 und N12 waren vor allem außerhalb Europas ein großer Erfolg, für Europa waren die Frontlenker der F-Reihe (neue Kabinen ab 1975) wichtigste Bausteine des Erfolgs der Marke. Die schweren Vertreter dieser innovativen Generation hießen F10, F12 und F16, die Einführung erfolgte schrittweise ab 1977. Zu ihren Merkmalen zählten eine Sicherheitskabine mit ergonomischer Einrichtung für den Fahrer, große Fenster für eine bessere Sicht und ein Sechszylinder-Turbodiesel aus eigener Fertigung. Topmodell war der F16 von 1987. Volvos Flaggschiff war völlig neu konstruiert worden und wartete mit einem 16-Liter-Motor auf; seine Leistung lag bei 470 PS.

Das Kürzel FL steht inzwischen für mittelschwere Lkw, die schweren Reihen führen seit 1993 die Bezeichnung FH, Volvos FE-Reihe ist für den Verteiler- und Regionalverkehr bestimmt. Die schweren Baulaster heißen FM beziehungsweise FMX, es gibt sie als 4x4, 6x6, 8x6, 10x4 und 10x6. Das zulässige Gesamtgewicht lag anfangs bei 48, nun bei 120 Tonnen.

Volvo-Motoren – gibt es wahlweise in Diesel-, Gas- oder Hybridausführung – leisten zwischen 240 und 780 PS. Nach Zukauf anderer Lastwagenhersteller oder Lastwagensparten wie White, GMC, RVI (Renault Vehicle Industries) oder auch Nissan Diesel ist Volvo hinter Daimler der weltweit zweitgrößte Lkw-Produzent.

In dieser Aufzählung nicht mit berücksichtigt ist das Volvo-Engagement auf dem Bereich der Bau- und Minenwirtschaft. Volvo Construction gehört auch zu den ganz Großen in Sachen Muldenkipper, Bagger und Co.

ROADTRAINS & GIGALINER

Ob Lang-Lkw, EuroCombi oder Gigaliner: Im Güterverkehr der letzten Jahre erhitzte der überlange Lkw (der länger ist als der Standard-Lkw) die Gemüter. Nun wurden die zulässigen Bestimmungen für Gewicht und Nutzlasten immer wieder der technischen Entwicklung angepasst (und jedes Mal gab es Diskussionen), doch die meisten Regelungen berücksichtigten nicht die Warenströme der Globalisierung.

In anderen Teilen der Welt sind überlange Lkw längst kein Thema mehr. Auf eine simple Formel gebracht: Je größer die Weiten des Landes und desto dünner besiedelt, desto länger werden die Lastzüge. In Australien heißen diese »Roadtrains«, die farbenfrohen Hauber wurden zum Inbegriff des überlangen Lastzuges. Doch eines steht außer Zweifel: Roadtrains wie auch Gigaliner imponieren – und davon erzählt dieses Kapitel.

Die US-Tochter Daimler Trucks North America (DTNA) brachte 2019 den Freightliner Cascadia nach Australien und Neuseeland. Gebaut für beide Märkte als Rechtslenker für den Linksverkehr, mit speziellen Stoßstangen samt Unterfahrschutz und angepasst an die in Australien gängigen Roadtrains mit über 100 Tonnen zulässigem Gesamtgewicht. (Foto © Hersteller)

Es muss nicht immer das Outback sein: Lang-Lkw kommen zum Beispiel, wie in Australien und Neuseeland, auch beim Containerumschlag zum Einsatz. Warnschilder an Front und Heck weisen auf die Überlänge hin. (Foto: © Hersteller)

Das Land Baden-Württemberg hatte im März 2015 bei der Bundesanstalt für Straßenwesen (BASt) die Nutzung von rund 350 Kilometern für den Feldversuch mit Lang-Lkw beantragt. Gleichzeitig erstellten Daimler und das Land eine Studie, um die Verbrauchs- und CO2-Effizienz von überlangen Lastwagen im realen Einsatz zu untersuchen. Im Bild ein Lang-Lkw Typ A. (Foto © Kögel)

Seit es Lastwagen gibt, wird um die richtige Größe gerungen. Wie viel darf ein Lastwagen wiegen, wie schwer darf er sein und wie lang? Auf europäischer Ebene war das klar geregelt: Die Konvention von Genf, 1949 verabschiedet, sah 32 Tonnen Gesamtgewicht und 18 Meter Gesamtzuglänge vor. Deutschland hingegen trat ihr zunächst nicht bei. Der Gesetzgeber legte stattdessen das ab 1958 gültige zulässige Gesamtgewicht für einen Zweiachser auf lediglich zwölf Tonnen fest, die bis dahin gestatteten 16-Tonner mit Zehn-Tonnen-Hinterachse sollten nicht mehr fahren dürfen. Das zulässige Gesamtgewicht sollte nur noch 24 statt wie bisher 40 Tonnen betragen und die Gesamtlänge der Hängerzüge nur noch 14 statt 20 Meter. Sattelzüge dagegen durften dagegen nur 13 Meter lang sein. Diese Regelungen bedeuteten das vorläufige Ende der typisch deutschen 40-Tonnen-Hängerzüge, die im Fernverkehr als zweiachsiges Zugfahrzeug (maximal 16 Tonnen) mit Dreiachshänger (24 Tonnen) liefen. Außerdem war bereits 1953 der beliebte Betrieb mit zweitem Anhänger verboten worden – was das Ende für die Straßenzugmaschinen bedeutete. Daher waren im Ausland Sattelschlepper wesentlich populärer als in Deutschland. Nach einer ab dem 7. Juli 1960 gültigen Regelung gehörten die unsinnigen deutschen Sonderregelungen der Vergangenheit an: Das erlaubte Zuggesamtgewicht wurde auf 32 Tonnen (ab 1965: 38 Tonnen) und die zulässige Sattelzug-Gesamtlänge auf 15 Meter heraufgesetzt. Seit 25. Juli 1996 dürfen Lastzüge 18,75 Meter und Sattelzüge 16,50 Meter lang sein, bei Gesamtgewichten von 40 Tonnen. Im kombinierten Verkehr, bei dem der überwiegende Teil der zurückgelegten Strecke mit der Eisenbahn, mit der Binnen- oder Seeschifffahrt bewältigt wird und die Passagen der Fracht auf der Straße so kurz wie möglich sind, dürfen sie in

Deutschland sogar bis zu 44 Tonnen tragen. Andere Mitgliedsländer erlaubten ebenfalls Ausnahmen, abhängig von der Anzahl der Achsen.

Schon kurz nach dem Inkrafttreten wurde in Fachkreisen über weitere Erhöhungen nachgedacht. Angesichts der immer voller werdenden Straßen und des stetig wachsenden Frachtaufkommens stand die Frage im Raum, ob nicht längere und schwerere Lastzüge die Antwort sein könnten. Einzelne Bundesländer preschten vor, in Nordrhein-Westfalen durften ab 2006 fünf Speditionen sogenannte »Gigaliner« betreiben. Dahinter verbargen sich bis zu 25,25 Meter lange Kombinationen, die drei der 20-Fuß-Standard-Container anstelle der bisherigen zwei (beziehungsweise deren Gütermenge) transportieren konnten. Auch eine Anhebung des zulässigen Gesamtgewichts auf 60 Tonnen war im Gespräch. Bedenken gab es aber wegen des erhöhten Verkehrssicherheitsrisikos und unzureichender Tragfähigkeit von Brücken. 2011 beschloss das Bundeskabinett dennoch einen Feldversuch mit Lang-Lkw. Auf fünf Jahre angelegt, sollte sich in der Praxis erweisen, ob diese »Öko-Laster« (VDA) tatsächlich einen wichtigen Beitrag für nachhaltigen Güterverkehr leisten könnten: »Wenn statt drei herkömmlicher Lkw nur noch zwei Lang-Lkw für das gleiche Transportvolumen benötigt werden, sind bis zu 30 Prozent Kraftstoff- und CO2-Ersparnis möglich«, argumentierte die Lkw-Lobby.
Zwischen 2012 und 2017 waren dann rund 500 solche bis zu 25,25 Meter langen »Fahrzeugkombinationen mit Überlänge« unterwegs, dabei blieb es aber beim bekannten Gewichtslimit von maximal 44 Tonnen im kombinierten Verkehr. Beim Feldversuch (an dem sich laut der »Allianz Pro Schiene« lediglich 59 Speditionen mit

161 Gigalinern beteiligten) durften die Lang-Lkw ausschließlich auf einem in der Verordnung definierten Streckennetz fahren. An das Steuer der langen Lulatsche durften nur besonders erfahrene und speziell geschulte Fahrer. Auch für die Fahrzeuge galten strenge Vorschriften in Sachen Sicherheitstechnik und Assistenzsysteme. Experimente mit Lang-Lastwagen gab es auch in anderen europäischen Ländern. Letztlich führten die verschiedenen Änderungen und Versuche zu einer Vielzahl möglicher Lösungen und Kombinationen, wobei Gefahrgüter und gefährliche Flüssigkeiten von allen Versuchen mit solchen Lang-Lkw beziehungsweise Gigalinern ausgeschlossen waren. Im Ergebnis ergaben sich sieben EuroCombi-Typen. Diese Züge werden nach deutscher Spezifikation als »Lang-Lkw« bezeichnet.

Die EuroCombi-Varianten

Häufig anzutreffen ist der Typ A, die Kombination aus Dreiachs-Lkw und einem angehängten Sattelauflieger. Um ihn ankoppeln zu können, ist ein Tandem- bzw. Doppelachs-Dolly erforderlich. Beim Typ B handelt es sich um einen normalen Sattelzug, der einen Anhänger mit zentral platzierter Tandemachse und starrer Deichsel hat. Beim Typ C zieht ein Dreiachs-Lkw zwei solcher Tandem-Anhänger, beim Typ D führt die Sattelzugmaschine gleich zwei Sattelauflieger mit. Deswegen hat der erste Auflieger eine Sattelkupplung, seine Ladefläche ist dann nur zur Hälfte nutzbar, reicht aber für einen 20-Fuß-Container. An der Stelle des zweiten Containers findet sich eine Sattelkupplung für den zweiten Auflieger. Diese Kombination ist auf deutschen Straßen praktisch unbekannt, was am Fahrverhalten wie auch der Nutzlast liegt: Solche Kombinationen schultern locker 60 Tonnen, und die sind hierzulande nicht zulässig. Ebenso exotisch ist die E-Kombination mit dem um eine vierte Achse verlängerten Zugwagen plus Sattelauflieger. Häufiger anzutreffen sind die EuroCombis F (Vierachsiger Motorwagen, Dreiachs-Anhänger), EuroCombi G (vierachser plus dreiachsiger Zentralanhänger, Deichsel starr) sowie H (Sattelzug mit angekoppeltem kurzen Dreiachs-Anhänger). Wie in der F-Kombi verfügt der Anhänger über einen Drehschemel und nicht, siehe Typ A, über einen Dolly.

Nordische Kombinierer

Erfunden wurden die modernen Gigaliner in Schweden, denn dort sah man sich mit Problemen konfrontiert, vor denen sich alle weiten, wenig besiedelten Flächenländer sehen: Eine Erschließung des Landes und damit auch der Gütertransport ist über die Eisenbahn oftmals unwirtschaftlich. Daher verkehren in Schweden außerhalb der Ballungszentren schon seit 1970 24 Meter lange 60-Tonnen-Kombinationen. Nachdem im EU-Raum seit

Der häufigste in Deutschland anzutreffende Lang-Lkw ist der Sattelzug Typ 1 mit Dreiachs-Auflieger und einer Gesamtlänge von 17,80 m. Dieser 13,6 m lange Krone-Trailer wist besonders für Volumentransporte geeignet. Der Achsabstand beträgt jeweils 1,31 m. (Foto © Krone)

Gigaliner – hier ein Typ 2 – dürfen seit 2017 auf bestimmten Strecken fahren. Zunächst wurden vom Bundesverkehrsministerium dafür 11 600 Kilometer freigegeben. Man erhoffte sich pro transportierter Tonne Fracht eine Einsparung von bis zu 25 Prozent CO2.

(© MAN Trucks & Bus SE)

Typischer Gigaliner Typ 3 mit DAF-Motorwagen, aufgenommen 2012 in Südschweden. (Foto © Wusel007, CC.By-SA 3.0)

2012 begannen die Feldversuche mit dem überlangen Lkw. An den Versuchen nahmen rund 39 Speditionen mit 80 Fahrzeugen teil. Im Ergebnis zeigte sich, dass Gigaliner tatsächlich effizienter waren als herkömmliche Lkw, weil sie mehr Ladung bei weniger Spritverbrauch transportierten. (Foto © Auto-Medienportal.Net)

Scania 113 mit zwei Sattelaufliegern (EuroCombi Typ D). Der erste Auflieger verfügt über eine Sattelkupplung auf verschiebbarem Drehgestell, um das Ankuppeln des zweiten Sattelaufliegers zu ermöglichen. (Foto © Teppo Lainio, CC-BY-SA 2.5)

1996 dann 25,25 Meter-Züge zulassungsfähig waren, war eine entsprechende Anpassung – die ja die Gesamtlänge um lediglich 1,25 Meter erhöhte – vergleichsweise einfach zu bewerkstelligen. Allerdings spielen die europäischen Gewichts- und Längenvorgaben im nationalen Gütertransport keine Rolle, in Schweden werden bis zu 32 Meter lange und 90 Tonnen schwere Güterzüge mit bis zu elf Achsen gefahren. Auch in Norwegen erfolgte der zunächst probeweise Einsatz von Lang-Lkw mit 60 Tonnen Gesamtgewicht, ebenso im sehr viel enger an Deutschland angeschlossenen Dänemark. Entsprechende Versuche mit 60 Tonnen Gesamtgewicht liefen 2011 an. Letztlich wurden dann in Dänemark überlange Sattelzüge mit insgesamt sieben Achsen und einem Gesamtgewicht von 56 Tonnen zugelassen; ein Dreiachs-Sattelauflieger darf 24 Tonnen auf die Waage bringen. Die Lang-Kombinationen sind nun dank eines bilateralen Abkommens zwischen Deutschland und Dänemark im grenzüberschreitenden Verkehr seit Ende 2023 auch auf deutschen Fernstraßen erlaubt.

Diese Vereinbarung war allerdings nicht die erste ihrer Art, sie war nämlich 2018 mit den Niederlanden getroffen worden. Dort liefen die Fahrversuche seit 1994 mit Gesamtgewichten zwischen 50 und 75 Tonnen. Seit 2011 sind für bestimmte Strecken 60-Tonnen-Gigaliner zugelassen. Diese dürfen seit der Vereinbarung von 2018 auch ausgewiesene deutsche Fernstraßen nutzen.

Die Zukunft der Gigaliner

Laut Bundesverkehrsministerium sind nun fünf Kombinationen, zum Teil befristet, auf deutschen Straßen zulässig. Sie entsprechen im Grundsatz den aufgeführten EuroCombi-Klassen, allerdings sind alle Kombinationen mit mehr als einem Anhänger verboten. Einzelne Bundesländer können aber deren Einsatz auf Straßen in ihrem Geltungsbereich – also solchen, die nicht dem Bund unterstehen – verbieten. Innerorts sind solche Kombinationen daher kaum anzutreffen. Eine Ausnahme bilden lediglich die von der Regierung als Typ 1 klassifizierten Sattelzüge mit einer Gesamtlänge von 17,88 Metern. Mittlerweile sind mehr als 11.600 Kilometer für diese Lang-Lkw freigegeben, bei siebzig Prozent der Straßen handelt es sich um dafür freigegebene Autobahnen.

Auf europäischer Ebene wird inzwischen über eine generelle Zulassung von Lang-Lkw auf Europas Straßen diskutiert. Am 14. Februar 2024 hat der Verkehrsausschuss des Europäischen Parlaments abschließend über zulässige Maße und Gewichte von Lang-Lkw beraten.

Eine entsprechende gesetzliche Regelung zum Einsatz des grenzüberschreitenden Verkehrs mit Lkw und Fahrzeugkombinationen (EMS – European Modular System) steht aber zur Stunde noch aus.

ROADTRAINS & GIGALINER

LANG-LKW IN NORDAMERIKA

Das Land der unbegrenzten Möglichkeit ist auch in Sachen Schwerverkehr – nach US-Zählart reden wir von Class 8-Trucks (ab 33.000 Pfund, zGG. 15 Tonnen) – weniger reglementiert. Im Grunde genommen ist seit 1982 in Nordamerika nur die Standard-Kombination normiert, bestehend aus zweiachsigem Semitrailer – in der Regel verfügt der Auflieger über einen Koffer – mit einer Länge zwischen 48 und 53 Fuß (14,63 bis 16,5 m) plus Zugmaschine, meist in 6x4-Konfiguration. Wohlgemerkt: Nur die Aufliegerlänge ist definiert, in Sachen Gesamtzuglänge gibt es kaum Beschränkungen. Das gilt aber nicht für das Gesamtgewicht. Dieses ist auf 36,5 Tonnen (80.000 Pfund) beziehungsweise 40 Tonnen (89.000 Pfund, Kanada) begrenzt. Die genannten Limits gelten auf Bundesebene, Ausnahmen gibt es aber viele. Sofern es der Bundesstaat oder auch, im Falle Kanadas, die jeweilige Provinz gestattet, sind die verschiedensten Kombinationen bis hin zum Triple (drei Auflieger) zulässig und bis zu 91.000 Pfund Gesamtgewicht. Um die Gewichtslimits bestimmter Brücken nicht zu übersteigen, werden mitunter auch die Achsabstände definiert.
Die Einhaltung der Gewichtlimits wird von den Behörden penibel kontrolliert: Wer auf den Highways unterwegs ist, muss die reichlich vorhandenen Wiegestationen nutzen. Die Achslasten sind wegen des anderen Straßenunterbaus geringer als in Deutschland, Tandemachsen – ob nun angetrieben oder nicht – dürfen mit nicht mehr als 34.000 Pfund (15,4 Tonnen) belastet werden, eine Lenkachse mit 12.000 Pfund, eine einzelne Achse mit 20.000 Pfund (9,1 Tonnen). Um eine optimale Lastverteilung der Ladung zu erreichen, sind Sattelkupplung und Achsen verschiebbar. Typisch für die US-Trucks sind auch die großen, oft üppig-plüschig ausgestatteten Schlafkabinen, die normalerweise locker die Zweimeterzwanzig Marke überschreiten: Ein Truck-Driver lebt in seinem Lkw, denn die durchschnittliche Transportlänge für Lkw-Ladungen in den USA beträgt etwa 500 Meilen. 70 Prozent des Güterverkehrs in den USA werden auf der Straße abgewickelt.

Turnpike Double und Rocky Mountain Double

Neben dem Standard-Zug sind die gängigsten Lang-Kombinationen der »Turnpike Double« sowie der »Rocky Mountain Double«: Beim Turnpike Double handelt es sich um eine Kombination aus Zugmaschine und zwei rund 15 Meter (48 bzw. 52 Fuß) langen Trailern, gekoppelt über einen Dolly. Sie sind bis 147.000 Pfund (66,7 Tonnen) zugelassen. Der »Rocky Mountain Double« besteht aus einer Zugmaschine plus zweier unterschiedlich langer Trailer mit bis zu 20,9 Meter Länge und 58,5 Tonnen zGG. Die Nutzung dieser Züge beschränkt sich auf spezielle, ausgewiesene Strecken.

Ein International als typische Triple-Kombination in Diensten von UPS in Beatty, Nevada. (Foto: © Mark Hollowy, CC-BY-SA 2.0)

Dieser Kenworth schleppte 2010 mit zwei Tankaufliegern auf der Interstate 95 Sprit zur Goldmine in Round Mountain, Nevada.
(Foto: © Mark Hollowy, CC-BY-SA 2.0)

Eine solche Kombination – hier mit Bodenentleerer – wird in den USA gemeinhin als »Rocky Mountain Double« bezeichnet.
(Foto: © Ryan P. 77, via Flickr, CC-BY-SA 4.0)

Bis 26,5 Meter sind erlaubt: Neunachsiger Turnpike Double in Alaska. (Foto: © Dawn Endico, CC-BY-SA 2.0)

Australien war Vorreiter bei der Einführung von Lang-Lkw. In der National Road Transport Hall of Fame, Alice Springs, kann man sich ein Bild von der Motorisierung des Kontinents machen. Links ein 1911er Ford Model T, rechts der erste in Australien gebaute Lkw, ein Caldwell Vale von 1910. (Foto: © Bahnfrend, CC-BY-SA 4.0)

Hat sich nicht bewährt: Zugmaschine des benzinelektrischen Müller-Falkiner Roadtrain vom Frühjahr 1915.

Der »Dampfochse« sollte als Lokomobil 1896 in Deutsch-Südwestafrika den Transport erleichtern. Weil er aber nur eine Fahrt schaffte und für die 30 km vier Monate brauchte, erhielt er den Spitznamen »Martin Luther« nach dessen Ausspruch: »Hier stehe ich und kann nicht anders.«

ROADTRAINS & GIGALINER

ROADTRAINS

Australien gilt als das Mutterland der »Road Trains«, der überlangen Straßenzüge. Ohne diese wäre die Erschließung des riesigen Kontinents nicht möglich gewesen. Um die Mitte des 19. Jahrhunderts wurden aus Großbritannien Dampf-Lokomobile eingeführt. Diese Straßenlokomotiven zogen mehreren Waggons mit Eisenerz, Kohle oder auch Wolle zu den Häfen. Zuglasten von bis zu 120 Tonnen waren keine Seltenheit. Führend im Bau solcher Straßenlokomotiven war die Firma Fowler, und diese Dampfkraftwagen kamen auch in Südafrika zum Einsatz. Großer Nachteil der Dampfmaschinen war aber ihre Funktionsweise: Ihr Betrieb erforderte gewaltige Mengen an Wasser und Feuerholz, und beides war in Australien knapp.

Roadtrains mit vier Beinen und Höcker

Als Alternative boten sich Kamelkarawanen an, doch deren Transportleistung war nicht vergleichbar: Ein Tier schaffte vielleicht kurzzeitig 450 kg, doch mehr als 150 kg Traglast waren nicht zu empfehlen.

1903 entstand der erste Benzin-Roadtrain, eine Entwicklung des Franzosen Charles Renard. Der Renard Roadtrain bestand aus einer vierrädrigen Zugmaschine mit Darracq-Motor, die mit bis zu vier sechsrädrigen Anhängern gekoppelt war. Jeder Anhänger verfügte über eine Antriebsachse, angetrieben über Wellen vom Zugfahrzeug aus. Nach Reynards Tod sicherte sich 1908 die britische Daimler Motor Company die Rechte an der Konstruktion, nutzte aber einen eigenen Motor. Einige dieser 113 PS starken Daimler-Straßenzüge – 45 Tonnen Nutzlast – gelangten nach 1909 nach Australien.

Bis zum Ersten Weltkrieg folgten noch einige weitere Versuche, etwa der benzinelektrische 100-Tonnen-Zug mit zehn Anhängern von Müller. Die Radnabenmotoren – insgesamt 22 Gleichstrom-Elektromotoren mit je 25 PS – wurden vom Zugfahrzeug – in dem Fall ein deutscher Daimler – aus versorgt. Dessen beide 125 PS starke Sechszylinder speisten den Dynamo, der die elektrische Energie erzeugte. Die Kombination war 66 Meter lang, hatte ein Eigengewicht von knapp 40 Tonnen, schaffte im besten Fall eine Höchstgeschwindigkeit von 13 km/h und verbrauchte im ungünstigsten Fall 470 Liter pro 100 Kilometer. Außerdem war er schier unbezahlbar und kostete, nach heutiger Rechnung, rund eine Million Dollar, plus Zollgebühren-Aufschlag von 30 %. Bewährt hat er sich nicht, er war ständig defekt oder blieb im von der Hitze aufgeweichten Asphalt stecken. Um 1916 wurde er, mal wieder defekt, in Melbourne abgestellt und brannte dann ab – vielleicht um die Versicherungssumme zu kassieren …

Weitere tapfere Versuche folgten – und scheiterten, etwa Frank Bottrills »Big Lizzie«-Projekt von 1916 (10,36 Meter lang, 3,35 Meter breit und 5,49 Meter hoch). Für Vortrieb sorgte ein 60 PS starker Einzylinder-Diesel mit 18,4 Litern Hubraum. Die Höchstgeschwindigkeit lag im besten Fall bei 5 km/h, der Wendekreis betrug 61 Meter. Doch noch immer waren es die langen Kamel-Karawanen, welche die abgelegenen Weiler und Farmen im Outback versorgten.

Der AEC Government Roadtrain

1927 nahm sich die Regierung der Sache an, genauer gesagt das British Colonial Office, das stets Möglichkeiten suchte, die einzelnen Siedlungen und Stützpunkte im weit verzeigten Empire kostengünstig zu versorgen. Der Bau entsprechender Eisenbahnen war zu teuer, also wurde beschlossen, die Überlandverbindung per Lkw sicherzustellen. Die Technik war inzwischen hinreichend zuverlässig, doch das Straßennetz stellte ein Problem dar: Die geplanten Road Trains mussten voll geländegängig sein. Mit viel staatlichem Geld, das schließlich 26 Commonwealth-Staaten beisteuerten, wurde das Projekt in Angriff genommen. Die Zugmaschine entwickelte Leyland (und baute dann AEC über eine Tochtergesellschaft), die selbstspurenden Achtrad-Anhänger stammten aus Liverpool. Der vierachsige Government Roadtrain von AEC (8x8, Achsen eins und vier waren lenkbar) verfügte über einen 130 PS (97 kW) starken Sechszylinder-AEC-Dieselmotor mit 8,8 Litern Hubraum, Viergang-Schaltgetriebe und Dreigang-Verteilergetriebe. Eine Zugeinheit wurde mit zwei Anhängern kombiniert und wies eine Gesamtzuglänge von 21,84 Metern auf. Die Nutzlast lag bei 46 Tonnen.

Bertha bahnt den Weg

Der Australier Kurt Johannsen, Jahrgang 1911, gilt als Erfinder des modernen Straßenzuges. Beheimatet in Zentralaustralien, dem »Roten Zentrum«, fuhr er Wassertanker zur Versorgung der Kamel-Karawanen und dann auch Post.

In den ersten Nachkriegsjahren, als ausgemusterte Militär-Lkw überall günstig zu haben waren, gelangte er in den Besitz eines Diamond T 980 (Army-Bezeichnung: M20), des schweren Panzertransporters der Alliierten. Diese anfangs 185 PS starke Zugmaschine kombinierte er mit bis zu vier selbstspurenden Vierachs-Anhängern. Jedes Doppelachsaggregat war, wie beim Government Roadtrain, lenkbar. Die Kombination kam auf eine Länge von bis zu 54 Metern, die Zugmaschine taufte er »Bertha«.

Allerdings war der Diamond T wegen seiner nicht langstreckentauglichen Kabine, der mangelnden Motorleistung, der Reichweite und den letztlich nicht genügenden Lasten für die Weiten Australiens alsbald überholt.

Der Renard hatte ordentlich für Aufsehen gesorgt, in Österreich-Ungarn baute man für die Manöver 1905 ebenfalls einen Roadtrain mit Hybridantrieb und Allradantrieb. Nur bremsen konnte man damit kaum.

Namensgebend: Der im Regierungsauftrag als Studie gebaute AEC Matador 8x8.

»Bertha« war der erste brauchbare Roadtrain der Nachkriegszeit. Der ehemalige Panzertransporter Diamond T 980 wurde umgebaut und beförderte 1948 als Viehtransporter, mit entsprechendem Anhänger, bis zu 74 Rinder von den Farmen zum Schlachthof. Diese Kombination brachte es dann auf 50 m Länge. Steht in Alice Springs im Museum. (Foto: © Bahnfrend, CC-BY-SA 4.0)

Der Renard-Roadtrain trieb über eine Welle der Zugmaschine alle Räder des Zuges an. Das Projekt, 1903 von Darracq (Bild links) gebaut und später von Daimler (Bild rechts) umgesetzt, starb aber mit seinem Vordenker 1905. Doch beim Kraftwerksbau in den Pyrenäen leistete er gute Dienste.

»The King Lion« nennt Viehtransporteur Kerley Bros Transport in Neuseeland seinen MAN TGX 35.640. Den Umbau vor Ort auf vier Achsen erledigte Importeur Penske. Bei 23 Metern Länge sind so 50 Tonnen statthaft. (Foto: © MAN Truck & Bus)

ROADTRAINS WELTWEIT

Johannsens Idee hat dann der Fuhrunternehmer Jim Cooper (1941-2022) weiter perfektioniert. Für den Erztransport wie auch den von Massenschüttgütern entwickelte er immer größere und mächtigere Kombinationen, bis hin zu Roadtrains mit 280 Tonnen Nutzlast, sechs Anhängern und zusätzlichem 400 PS starkem Dieselaggregat in der Zugmitte. In der nächsten Entwicklungsstufe kamen dann die bis zu 1520 PS starken Quad-Trailer-Straßenzüge – zu Hochzeiten umfasste Coopers Quad-Flotte 100 Einheiten – mit einer Nutzlast von 350 Tonnen bei einem Gesamtgewicht von 500 Tonnen. Natürlich bedurfte es dazu umfangreicher Umbaumaßnahmen an den Kenworth-C500-Zugmaschinen, so wurden Öl- und Kühlkreisläufe bei Truck und Zusatzmotor massiv vergrößert.

Ebenso verständlich ist auch: Roadtrains sprengen die für Australien gültigen Maßstäbe. Übliche Lastzüge und Kombinationen haben normalerweise ein Gesamtgewicht von 42,5 Tonnen bei einer Gesamtzuglänge von 19 Metern. Roadtrains hingegen sind mindestens 36,5 Meter und maximal 53,5 Meter lang. Sie dürfen bis zu 4,6 Meter hoch bauen (30 Zentimeter mehr als normale Lkw) und ein Gesamtgewicht von bis zu 132 Tonnen aufweisen.

Der Gesetzgeber unterscheidet seit 2014 zwischen dem B-Double und dem Road Train. Ein B-Double setzt sich aus der Zugmaschine und zwei Aufliegern zusammen, wobei der zweite Auflieger direkt auf dem Heck des vorderen befestigt ist. Ein Road Train (Triple) besteht aus der Zugmaschine und mindestens zwei Anhängern.
Mit diesen Maßen dürfen Road Trains bestimmte, dafür freigegebene öffentlichen Straßen nutzen. Ganz anders hingegen sieht es auf Privatstraßen aus: Im Tagebau sind auch Fahrzeugkombinationen mit 97 Metern Länge und Nutzlasten von über 300 Tonnen unterwegs. Je nach Bundesstaat liegt die Höchstgeschwindigkeit bei

Nur für Brasilien: Scania Super Road Train R 620 mit elf Achsen für maximal 91 Tonnen. (Foto: © Scania CV AB / Dan Boman)

In bestimmten Gegenden Australiens kann man sogar solche Lastzüge mit bis zu 60 Metern Länge (A-Quad, vier Anhänger) sehen. Zugmaschine ist ein Kenworth C 509. (Foto: © SquiddyFish - CC-BY-SA 2.0)

90 oder 100 km/h, die Zugmaschine muss eine Leistung von mindestens 370 kW (500 PS) aufweisen.
Für einen Hängerzug hingegen lauten die Vorschriften in Neuseeland: maximale Länge 23 Meter und maximale Höhe 4,25 Meter, als zulässiges Gesamtgewicht sind 50 Tonnen erlaubt. Die Kombination aus niedrigeren Achslasten, wie sechs Tonnen auf einer Lenkachse, und einer auf Gewicht und Entfernung basierenden Lkw-Maut führt dazu, dass Lastwagen in Neuseeland oft mehr Achsen haben als ihre europäischen Pendants.
Lang-Lkw sind auf allen Kontinenten zu finden. In Brasilien zum Beispiel hat Scania 2017 den Super Road Train R 620 6×4 auf den Markt gebracht, der mit V8-Motoren ausgestattet ist. Die Kombination aus LKW, Sattelauflieger und Anhänger verfügt über nicht weniger als elf Achsen.
Solche Kombinationen sind auf den Bedarf der brasilianischen Agrarindustrie für Zuckerrohr- und Getreidetransporte zugeschnitten und nutzen die vom Gesetzgeber erlaubte Sonderregelung, nach der bei Transporten von bis zu 100 Kilometern Fahrzeugkombinationen mit einem Gesamtgesamtgewicht unter 91 Tonnen, einer maximalen Höhe von 4,40 Metern und einer Länge von 28 bis 30 Metern auf öffentlichen Straßen verkehren dürfen.
In Südafrika folgt man im Großen und Ganzen den weltweit üblichen Maßstäben für Long Combination Vehicles (LCVs), denn an Ländern mit großen, kaum erschlossenen Flächen herrscht auf dem afrikanischen Kontinent kein Mangel. Im Schüttgutumschlag und -transport sind sie ebenso häufig anzutreffen wie beim Transport von Erzen und Baumaterialien in den südafrikanischen Minen. Auch hier liegt der Einsatzradius bei maximal 100 Kilometern. Am häufigsten anzutreffen sind die B-Doubles (Zugfahrzeuge, Anhänger mit Sattelkupplung, Auflieger), die in Südafrika »Interlink« heißen. Sie sind auf 22 Meter Länge und 58 Tonnen Gesamtgewicht beschränkt. Die Höchstgeschwindigkeit liegt bei 80 km/h.

BOHNET
TGX 41.640
BOHNET
Erolzheimer Str. 1
D-88457 Kirchdorf
Tel: +49 7354 9310-0
Fax: +49 7354 9310-50
Kontakt@Spedition-Bohnet.de
D38
MAN
BC PB 40

DIE SCHWERLASTPROFIS

Nach Angaben des DSLV (Bundesverband Spedition und Logistik e.V.) ist die Logistikbranche mit ihren rund 14.000 Speditionen nach der Automobilindustrie und dem Handel der drittgrößte Wirtschaftsbereich. Nahezu verschwindend gering dagegen – doch für dieses Kapitel immer noch viel zu umfangreich – ist die Zahl jener Unternehmen, die sich auf Großraum- und Schwerguttransporte spezialisiert haben. Daher findet sich hier nur eine kleine Auswahl an Firmen und Speditionen der Schwergutbranche, an Spezialisten für Maschinentransporte und Windkraftanlagen, für Kranmontagen und dergleichen mehr, ohne Anspruch auf Vollständigkeit zu erheben. Auch auf das komplexe Regelwerk, die höheren politischen Hürden, die immer komplizierteren Planungs- und Genehmigungsverfahren, welche die Branche zur Verzweiflung treiben, kann hier nicht eingegangen werden. Das würde den Lesespaß zu sehr trüben.

Im Januar 2020 wurden in Sangerhausen die ersten drei von insgesamt zwölf MAN TGX 41.640 8x4 XXL an den Schwerlastexperten Bohnet aus Kirchdorf ausgeliefert. (Foto © MAN Truck & Bus SE)

DIE SCHWERLASTPROFIS

AUGUST ALBORN GMBH & CO. KG

Wenn es um das Verladen und Transportieren von Großkomponenten, schweren Lasten und sperrigen Gütern geht, fällt unweigerlich der Name der August Alborn GmbH & Co. KG. Kein Wunder: Das 1891 gegründete Unternehmen aus Dortmund, bereits in vierter Generation von Familienhand geführt, gehört zu den bekanntesten Speditionen für Schwer- und Spezialtransporte. Dafür werden verschiedenste Transport- und Sondertransportfahrzeuge, SPMT-Achsen, Autokrane bis 180 Tonnen – etwa dank des 2020 angeschafften Liebherr-Mobilkran LTM 1160-5.2 – sowie Pick-and-Carry-Krane bis 35 Tonnen Hublast mit Funkfernsteuerung und Batterieantrieb vorgehalten. Und wenn das alles nicht reicht, gibt es noch das Alborn Hubsystem AHS-3 560/1440, ein schienengebundenes Hubportal mit einer Tragkraft von 1440 Tonnen und variabler Hubhöhe.

BOHNET

1965 im schwäbischen Nagold gegründet, begannen Peter Helmut und Annemarie Bohnet ihr Unternehmen Bohnet & Co. mit einem Sattelzug, bestehend aus einem gebrauchten LPS 333 und einem Dreiachs-Sattelauflieger. Heute indessen besteht die Bohnet-Flotte an Schwerlast-Zugmaschinen in der Hauptsache aus zwölf vierachsigen MAN TGX XXL für die 150 in Längs- und Querrichtung kombinierbaren Schwerlastmodulen und Tiefbettaufliegern (Nutzlast bis 180 t) von Goldhofer und Scheuerle.

COLONIA

Diese Erfolgsgeschichte nimmt 1945 ihren Anfang, als Gottfried Schönges in Köln einen alten Wehrmacht-Dreitonner mit Stahlprofilen aus einem im Krieg versenkten Binnenschiff zum Abschlepper umbaut. Allzu viele Autos, die er abschleppen kann, gibt es zwar nicht, aber im kriegszerstörten Köln und seinem Hafen findet sich genug Schrott, der aufzuräumen und wegzuschaffen ist. Das ging natürlich besser und effektiver, als er später an einen Diamond-T-Bergekran aus den Beständen der US-Army kam. In den Fünfzigern kamen mehr Abschleppfahrzeuge, Anfang der Sechziger die ersten Tieflader und Autokräne. In den Siebzigern gab's noch mehr Kräne, in den Achtzigern das berühmte »Schnibbel-Mobil«, bei dem, weil ein besonders niedriges Fahrerhaus gebraucht wurde, das Fahrgestell eines luftgefederten MAN UN 22.320 mit der Karosserie eines Ford Granada und dem Kühler eines Bremer Transporters, eines Mercedes-Benz Lieferwagen D 207 eine Liaison eingingen. Dieser Eigenbau spulte in Colonia-Diensten als Sattelzugmaschine für Langmaterialtransporte bis kurz vor der Jahrtausendwende fast 800.000 Kilome-

COLONIA (www.colonia.info) fährt seit 2023 eine Tiefladerkombination VarioMAX Plus von Faymonville. (Foto: © Faymonville)

Bohnet (www.spedition-bohnet.de) nennt als Tätigkeitsbereiche: Schwertransporte, Spezialtransporte, Projektverladung, Montage, Umschlag, Schwergutlager und Verpackung. (Foto: © Ralf Weinreich

Heavy Metal: Um einen 140 t schweren Borsig-Abhitzkessel zu transportieren, benötigte die Firma DB-Schenker gleich zwei der gewaltigen MAN TGX 41.680 Schwerlastzugmaschinen. (Foto: Ralf Weinreich)

ter ab. Das »Schnibbel-Mobil« ist seit gut 20 Jahren im Ruhestand. Doch Colonia Schwerfahrzeuge, inzwischen in dritter Generation in Familienhand, gehört längst zu den bekanntesten Kran- und Schwerlastanbietern in Deutschland und hat über 300 Mitarbeiter und mindestens ebenso viele Spezialfahrzeuge im Einsatz.

DB SCHENKER

Die Logistik-Sparte der Deutschen Bahn geht zurück auf ein 1872 von Gottfried Schenker in Wien gegründetes Fuhrunternehmen. Nach dem Ersten Weltkrieg konzentrierte sich Schenker auf Expresslieferdienste, Regionalverkehre, Umzüge und Messespeditionen, führte 1922 auch erstmals Lufttransporte durch. Seit den ersten Bahntransporten in den 1870ern eng mit der Eisenbahn verbunden, wurde die Schenker & Co. GmbH 1931 von der damaligen Deutschen Reichsbahn übernommen und stand fortan unter staatlicher Kontrolle. Als Staatsunternehmen transportierte Schenker während der Nazizeit kriegswichtige Güter, Munition und Kriegsmaterial, unternahm Wehrmachts-, Wehrwirtschafts- und Versorgungstransporte und schaffte auch beschlagnahmte und geraubte Güter weg: Schenker wurde zum »Vertrauensspediteur des Reiches«, so die Auszeichnung 1944.
Auch nach dem Krieg verblieb Schenker im Bahn- und damit Staatsbesitz, eröffnete schon 1947 ein Büro in den USA und später weitere Niederlassungen in Asien und auf der ganzen Welt: In den Siebzigern war Schenker Deutschlands führende internationale See- und Luftfrachtspedition. Im Zug der Bahnprivatisierung Anfang der Neunziger ging Schenker zunächst an den Stinnes-Konzern (was 1996 zur Schenker-Rhenus AG führte). Nach Übernahme der schwedischen Firma BTL-AB in Göteborg entstand Schenker-BTL, Europas größter Transport- und Logistikanbieter. 2002 übernahm wiederum die Bahn Stinnes und kam so wieder in den Schen-

Scania R520, für Schenker im Einsatz in Finnland. (Foto: © Bahnfrend, CC-BY-SA-4.0)

Der Iveco S mit Goldhofer TPH/UT der Emil Egger AG transportiert einen Wagenkasten der Baureihe KISS 160. (Foto: © David Gubler, CC-BY-4.0)

Actros 2653 im typischen Fehrenkötter-Orange beim Transport eines Claas-Maishäckslers vom Typ 900. (Foto: © www.fehrenkoetter.de)

Die Emil Egger AG (www.ete.ch) errichtete im Schweizer Jura den größten Windpark der Schweiz. Beim Aufbau der insgesamt sechs bis zu 140 m hohen und 70 Tonnen schweren Windmühlen kamen Liebherr-Raupenkrane – ein LR 11000 sowie ein LR 1700-1.0 – zum Einsatz. (Foto: © Liebherr)

Actros 2645 als Plateauzug, eine Eigenentwicklung der umtriebigen Mannen von Fehrenkötter. (Foto: © www.fehrenkoetter.de)

ker-Besitz. Inzwischen arbeiten weltweit rund 73.000 Menschen für den Konzern, der rund 1.850 Standorte und über 725 Lager in 130 Ländern der Erde betreibt. Allein in Deutschland umfasst die Schenker-Flotte gut 7000 Fahrzeuge aller Größen.

DROSTE

Die Manfred Droste GmbH aus Porta Westfalica, entstanden in den Achtzigern, verfügt über einen ansehnlichen Fuhrpark an Tief- und Flachbettaufliegern mit und ohne Schwanenhals, Kesselbrücken, Aufliegern und Telesätteln für alle Arten an Großraum-, Schwer- und Spezialtransporten.

EMIL EGGER

Die Emil Egger Gruppe, ein inhabergeführtes Familienunternehmen in dritter Generation mit Sitz in Sankt Gallen (wobei die Schwergutsparte in Bassersdorf angesiedelt ist), ist in der Schweiz mit elf Standorten vertreten und beschäftigt rund 800 Mitarbeiter. Als die Nummer eins in Sachen Schwerlast und Krantechnik in der Schweiz sind im Bestand Auto- und Raupenkrane zwischen 30 und 650 Tonnen Hublast, Sattelzugmaschinen von 4x2 bis 8x6, Tief- und Flachbettauflieger – etwa von Meusburger, Goldhofer, Doll und Faymonville –, Hebebühnen, Tandemachser und weitere Maschinen, die bei einem kompetenten Logistik-Anbieter unabdingbar sind.

FAHRENHOLZ

Die Fahrenholz GmbH & Co. KG wurde 1985 in Bremen gegründet. Der Familienbetrieb wickelt pro Jahr rund 6000 Kran- und Schwerlasteinsätze ab, und diese müssen nicht im norddeutschen Umland stattfinden: Im Laufe ihrer Geschichte waren die Bremer schon in 34 Ländern und auf vier Kontinenten unterwegs.

FEHRENKÖTTER

Als einer der führenden Landmaschinen- und Fahrzeuglogistiker in Europa ist die 1929 gegründete Fehrenkötter Transport & Logistik GmbH im westfälischen Ladbergen – Landmaschinenriese Claas ist nicht weit – heute für die meisten Hersteller und Vertriebsgesellschaften von Landtechnik, Transportern und Anhängern in ganz Europa tätig. Entsprechend gestaltet sich auch der Fuhrpark des Familienunternehmens, der für den Transport großer Landmaschinen wie etwa Mähdrescher und Maishäcksler entwickelt wurde. Schönes Beispiel dafür sind die LowBed-Auflieger mit einer Verladehöhe von nur 30 cm über Straßenniveau, die bis zu vier Meter hohe Maschinen und Fahrzeuge aufnehmen können und damit unterführungstauglich sind. Das Tiefbett ist ausziehbar, Ladungen von bis zu 11,5 m Länge und bis zu 3,70 m Breite lassen sich problemlos bewältigen. Die Radmulden sind

Stufen für den Erstflug der Ariane 6, im Februar 2024 unterwegs nach Französisch-Guayana. Actros SLT in Farben von Friderici. (www.friderici.com) (Foto: © ArianeGroup)

Die Firmengruppe Felbermayr (www.felbermayr.cc) hat ihren Sitz in Wels. Das Unternehmen verfügt über 29 Tochtergesellschaften an 77 Standorten in 18 Ländern Europas. Steyr 41S46 mit MAN F2000-Fahrerhaus. (Foto: © Ralf Weinreich)

verschiebbar, die Schneidewerke können dank spezieller Halterungen auf der Plattform vorn untergebracht werden. Für Fehrenkötter arbeiten rund 600 Menschen, der Fuhrpark umfasst etwa 150 Lkw.

FELBERMAYR

Die familiengeführte Unternehmensgruppe aus dem österreichischen Wels ist Spezialist für Transport- und Hebetechnik sowie Tief- und Hochbau. Zur Felbermayr Holding GmbH gehören 31 Tochtergesellschaften mit rund 3000 Mitarbeitern, verteilt auf 76 Standorte in 17 Ländern: Im Hafen von Antwerpen betreibt das Unternehmen neuerdings einen eigenen 750-Tonnen-Raupenkran, nachdem man im Oktober 2023 eine 50-Prozent-Beteiligung an einem niederländischen Binnenschifffahrtsunternehmen übernommen hat. Man besitzt ein bayerisches Wasser- und Schiffbauunternehmen samt eigener Werft, betreibt den Schwer- und Schüttguthafen Krefeld, hat über die eigene Bahnlogistiktochter Internationale Tieflader-Bahntransporte (ITB) den schwersten jemals in Europa durchgeführten Bahntransport mit einem Stückgewicht von 482 Tonnen mit 32-achsigem Tragschnabelwagen realisiert, hängt in die Kathedrale von Bukarest die weltgrößte Glocke ein und dergleichen mehr: Erstaunlich, welches Imperium Franz Felbermayr und seine Familie aus bescheidensten Anfängen aufgebaut haben, denn der Firmengründer hat inmitten der Kriegswirren 1942 die Erlaubnis erhalten, einen kleinen Lastwagen zu betreiben. In den Fünfzigern, nach Abzug des Sowjets, konnte er sein Fuhrgeschäft auf zunächst vier Lkw aufstocken. Anfang der Sechziger hat er dann einen Radlader gekauft. Der Rest ist, wie man so schön sagt, Geschichte und auf der Homepage kurz umrissen.

FRIDERICI

Friderici Special, wie der vollständige Name lautet, ist ein Schwertransportspezialist aus dem französischen Teil der Schweiz. Über 60 Jahre lang war dieses Unternehmen nur regional tätig gewesen, wurde dann aber 1946 vom Roten Kreuz in Genf beauftragt, Hilfslieferungen des Roten Kreuzes in Frankreich zu verteilen. Damit war der Schritt über die Landesgrenzen hinaus getan, was umso leichter fiel, weil die Schweiz im Krieg neutral geblieben war und auch keinerlei koloniale Vergangenheit aufzuweisen hatte, was Transportunternehmungen in ganz Europa wie auch dem Nahen Osten ermöglichte. Der nächste Schritt, nahezu folgerichtig, führte zur Anschaffung eines ersten Schwerlastkrans 1961. Anfang der Jahrtausendwende hatte Friderici sieben Standorte in der Schweiz, einen Bestand von rund 400 Lkw, 25 Kränen und 900 Mitarbeitern. Ganz geradlinig verlief der Aufstieg nicht, es gab diverse Aufs-und-Abs, Kapitalschwierigkeiten, Personalabbau und Umstrukturierungen, doch auch in fünfter Generation hat die Familie das Sagen bei der Spedition mit Firmensitz in Tolochenaz im Kanton Waadt.

GERTZEN

Krane und Transporte sind das Kerngeschäft des Ende der Siebziger gegründeten Transportunternehmens in Kluse. Neben diversen Teleskopautokranen ab 30 Tonnen Hublast verfügen die Schwerlastspezialisten aus dem Emsland auch über einen LR1800-1.0 mit einer Tragkraft von bis zu 800 Tonnen und einer Hakenhöhe von 202 Metern, allesamt von Liebherr. Ein weiterer Schwerpunkt ist der Transport von Windkraftanlagen. Gertzen verfährt 100 m lange Rotorblätter ebenso wie Turmsegmente bis zu 35 m Länge und Turmadapter bis 75 Tonnen.

Volvo FH16 700 Schwertransport auf der Kettelerstraße in Hopsten, durchgeführt 2012 von Gertzen. (gertzen-gruppe.de) (Foto: © Ramsch, CC-BY-SA-4.0)

GEVERS & SOHN

1965 am Kanalhafen des Binnenhafens Harburg gegründet, war sie bis zur Kündigung des Betriebshofs durch die Stadt Hamburg eine bekannte Größe in der Hansestadt. Der Betrieb beschäftigte knapp zwei Dutzend Mitarbeiter, hatte zehn Lkw im Bestand und transportierte auch 100-Tonnen-Ladungen. Nach dem notwendig gewordenen Umzug über die Landesgrenzen hinweg in das niedersächsische Seevetal war die Firma nur noch wenige Jahre lang aktiv und erlosch 2015.

GRUBER LOGISTICS

1936 in Bozen gegründet, fuhr die »Gruber Giuseppe Trasporti e Speditzioni« Holz aus den Südtiroler Bergen ins Tal. Nach dem Krieg eröffnete Gruber Büros in Mailand und in Kiefersfelden. 70 Jahre später hatte Gruber 24 Niederlassungen – sogar in China – und war zum weltweit agierenden Logistiker aufgestiegen. Nach dem Zusammenschluss mit der Universal Transport Group, Paderborn, ist das familiengeführte Unternehmen der größte europäische Anbieter für Großraum- und

MAN TGX 41.540 mit verlängertem Nachläufer, 2010. (Foto: © Gruber Logistics)

MAN TGX 33.580 mit Goldhofer-Tiefbett in Farben der Universal Transport Group, heute ein Tochterunternehmen von Gruber. (Foto: © Ralf Weinreich)

Kesseltransport durch MAN TGA 41.530 der mittlerweile nicht mehr existierenden Firma Gevers & Sohn. (Foto: © Huhu Uet, CC0)

Mit rund 2.200 Mitarbeiterinnen und Mitarbeitern sowie rund 650 Millionen Euro Gesamtumsatz bei Transport- und Logistikaktivitäten entstand 2022 mit dem Zusammenschluss von Gruber und Universal Transport der größte europäische Anbieter im Bereich Großraum- und Schwertransportlogistik. Inzwischen fahren für Gruber rund 2350 Fahrzeuge. (www.gruber-logistics.com) (Foto: © Gruber Logistics)

Actros 4153 SLT von HCS beim Trafo-Transport (Foto: © Ralf Weinreich)

Energiewende: MAN TGA im charakteristischen Hüffermann-Farbkleid, Juni 2024. (Foto: © Journo.Science, CC-BY-SA 4.0)

Schwertransporte. Weltweit mit über 60 Niederlassungen vertreten, tragen über 2300 Lkw die Gruber-Farben. Der Umsatz liegt bei über 700 Millionen Euro jährlich.

HCS

Wie im Absatz über DB Schenker erwähnt, hat die Bundesbahn die Stinnes-Logistik übernommen. In diesem Firmengeflecht verbarg sich auch die Firma NCS, die Nuclear Cargo + Service GmbH. Nach der Übernahme wurde diese Sparte der Deutschen Bundesbahn bzw., nach der Bahnreform, der Bahntransporttochter DB Cargo (Railion) zugeschlagen. Die NCS wiederum betrieb unter dem Markennamen HCS – Heavy Cargo +Service – die nuklear belasteten Schwerlasttransporte wie etwa die der Castoren, verkaufte die HCS dann aber an den französischen Mischkonzern DAHER.

HEGMANN TRANSIT

Erst 50 Jahre nach Gründung der Firma 1920 durch Karl Hegmann in Sonsbeck (NRW) entwickelte die Firma ein ausgesprochenes Profil im Schwerlastbereich und hatte, nach diversen Zukäufen, einen kleinen Bestand an Tiefbettanhängern, Semi-Tiefladern, Telesätteln und Nachläufern aufgebaut. 1985 gehörten bereits 13 Zugmaschinen und 20 Auflieger zum Fuhrpark. Zehn Jahre später waren Schwerguttransporte bis 250 Tonnen Gewicht möglich. Ab 2018 hatte Hegmann einen eigenen Schwerguthafen für 200-Tonnen-Umschläge; inzwischen verfügt der Betrieb mit vier Standorten über 140 Einheiten und hat rund 150 Mitarbeiter. Hegmann ist Teil des Big-Move-Netzwerks, dem Zusammenschluss von gut einem Dutzend Schwerlast-Transportfirmen. Auch Paule gehört dazu.

HÜFFERMANN

Die heutige Hüffermann-Gruppe ging aus einer kleinen Dorfschmiede im niedersächsischen Wildeshausen hervor, die 1913 mit dem Bau von Anhängern für die Landwirtschaft begann. Im Laufe der Jahre spezialisierte sich das Unternehmen auf Nischen wie die Entwicklung und den Bau von Lenkachsen und später von kompletten Fahrzeugen zum Sammeln und Transportieren von Abfall. 1965 wurde der Stahl- und Fahrzeugbaubetrieb um den ersten Mobilkran erweitert. In den 70ern spezialisierte sich das Unternehmen auf den Behältertransport mit Wechselsystemen. Heute stehen neben dem Spezialfahrzeugbau vor allem die Kranvermietung, der Maschinentransport und weitere Dienstleistungen im Angebot. Seit 2018 existiert eine enge Kooperation mit Meiller, 2020 hat Schwarzmüller einen Betriebsteil übernommen. Doch noch immer verfügt die Hüffermann-Gruppe – zu der auch die Spedition Thömen gehört – über mehr als 1.200 Krane, LKW, Maschinen und Mietgeräte.

Hegmann-Transit erhielt 2016 über die ES-GE Nutzfahrzeuge GmbH diverse Faymonville CombiMAX, einen 3-achsigen MegaMAX und ein 2+4-VarioMAX-Tiefbett. (Foto: © ES-GE Nutzfahrzeuge GmbH)

KAHL SCHWERLAST

Kahl gehört zu den Pionieren im Schwertransportsegment. Ausnahmsweise einmal nicht aus einer Kran-Firma hervorgegangen, haben die beiden aus einem Fuhrgeschäft hervorgegangenen Brüder Hans und Helmut Kahl sich 1953 in Duisburg mit zwei umgebauten GMC-Dreiachsern aus amerikanischen Heeresbeständen selbständig gemacht. Die beiden waren zu dem Zeitpunkt 23 und 17 Jahre alt. Die GMC-Veteranen standen bis in die Sechziger hinein in Dienst, schleppten und zogen Tieflade-Anhänger. In den Siebzigern liefen bereits 30 Einheiten für das Brüderpaar, man machte sich einen Namen im Transport von Betonfertigteilen. Bei Kahl entstand auch 1981 die erste vierachsige Schwerlastzugmaschine heutiger Prägung auf Basis MAN, denn die bisherigen Sattelzugmaschinen waren ungeeignet für den Zug der ebenfalls von Kahl entwickelten überfahrbaren Tiefbett-/Kesselbrückenkombination mit abnehmbarem hydraulischen Schwanenhals.
Nachdem die geeigneten Zugmaschinen vorhanden waren, wurden zusätzliche Achslinien beschafft und Ende der Neunziger ein größeres Betriebsgelände in Moers bezogen. Seit 2004 als KAHL SCHWERLAST GmbH Internationale Schwertransport Logistik firmierend, erschloss die Familie zwei Jahre später mit der KAHL + JANSEN Schwerlast GmbH ein weiteres Geschäftsfeld, das sich mit der Fahrzeuglogistik und dem Transport von Großwindanlagen beschäftigte. 2009 stieß die Pieper Schwertransporte GmbH zur Gruppe. 2010 sorgte auf der BAUMA der mit Kahl entwickelte fünfachsige MAN TGX 41.680 mit 52 t Gesamtgewicht und 500 t Gesamtzuggewicht für Furore. Realisiert hatte den Umbau eine Firma aus den Niederlanden. Um die fünfte Achse integrieren zu können, musste der Rahmen verlängert werden. Zur Kombination gehörte ein ebenfalls neuer Dreiachs-Tiefbettauflieger (um auch bei großen Ladungen die Maximalhöhe einzuhalten) mit bis zu 45 t Ladungsgewicht – ideal für Bagger und Co. Weiteres Schwerlastequipment folgte, so auch eine weltweit einzigartige 600-t-Seitenträgerbrücke. Kahl Schwerlast mit seinen über 100 Mitarbeitern ist heute einer der ganz großen Akteure im Geschäft mit den dicken Brocken.

Das Schwerlastunternehmen Kahl lieferte 2020 den Weihnachtsbaum für den Domplatz in Erfurt. Die 22 Meter hohe Rotfichte wurde mit einem MAN TGX 41.640 8x4 XXL vom Heilbad Heiligenstadt ins rund 80 Kilometer entfernte Erfurt gebracht. (Foto: © MAN)

Kahl (www.kahl-schwerlast.de) beschaffte im Januar 2024 38 Selbstfahrer-Achslinien von Goldhofer, Typ PST/ES-E. Kombiniert mit dem bestehenden Fuhrpark des Unternehmens kann Kahl bis zu 10.000 Tonnen Nutzlast bewegen. Damit verfügt die Unternehmensgruppe nun über 100 PST-Achslinien (Selbstfahrer) und etwa 250 gezogene Achslinien von Goldhofer. (Foto: © Goldhofer)

48,6 m lang, 4,6 m breit und 9 m hoch, 350 Tonnen Gewicht: Die Spezialisten von Kübler und der Technik Museen Sinsheim Speyer benötigten fünf Jahre der Planung, um den spektakulärsten Schwertransport der letzten Jahre zu realisieren. (Foto: © Technik Museen Sinsheim Speyer)

Hyundai Heavy Industries beschaffte Schiffsektionstransporter mit jeweils 800 Tonnen Traglast von TII SCHEUERLE. Kübler manövrierte die acht Meter breite Ladung auf 18 Achslinien (Scheuerle InterCombi) durch 8,22 Meter breite Straßen. Insgesamt 250 Tonnen Gesamtgewicht und 40 Meter Gesamtlänge hatte der Konvoi über eine Strecke von 30 Kilometern zum Heilbronner Hafen zurückzulegen.

(Foto: © TII Scheuerle)

DIE SCHWERLASTPROFIS

Zu den Pressebildern, veröffentlicht im Umfeld der Einführung des ersten Actros-Modellwechsels, gehörte auch jenes des 2644 in Kübler-Farben. (Foto: © Daimler Truck AG)

KÜBLER

1930 gegründet, gehört die Spedition Karl Kübler – nicht zu verwechseln mit der gleichnamigen Bauunternehmung – zu den bekanntesten Schwerlastspeditionen Deutschlands. Immer wieder haben die Michelfelder mit ihren markanten grünen Schwerlast-Lkw aufsehenerregende Spezialtransporte durchgeführt, wie etwa den Transport des ehemaligen Marine-Uboots U 17 zum Auto- und Technikmuseum Sinsheim. In der Regel kommen Plattformen mit Scheuerle-Pendelachsen zum Einsatz. Als ziehende beziehungsweise schiebende Einheiten nutzte Kübler oft 6x6 Actros-Zugmaschinen mit Titan-Umbau (etwa einer Vorlaufachse und ZF-WSK); doch auch MAN TGX und Volvo FH16 sind für Kübler unterwegs.

Seit Ende 2023 ist Kübler über seine Tochter Kübler Heavy Rail auch Bahnfracht-Anbieter, hat zwei Diesellokomotiven der Baureihe 218 gekauft, im hauseigenen Grün lackiert und die kompletten Tiefladewagen-Bestände Deutschlands – rund 120 Wagen – übernommen. Kübler bietet damit Straßen-, Schiffs- und Bahntransporte aus eigener Hand, wobei dem im Mannheimer Hafen in Betrieb genommenen Schwergutzentrum mit 500-t-Kran eine Schlüsselrolle zukommt.

MAX WILD

Schwerlasttransporte sind bei Max Wild, Berkheim, eher die logische Konsequenz des eigentlichen Kerngeschäfts: Der 1955 gegründete Familienbetrieb mit gut 500 Mitarbeitern ist auf Abbrucharbeiten und Neubauprojekte spezialisiert, reißt im Auftrag der Deutschen Bahn Brücken ab, baut und verschiebt neue Bauwerke und Unterführungen, versetzt ganze Häuser, betreibt drei Kiesgruben und sieben Baustoff-Recyclingplätze in Baden-Württemberg und Oberschwaben.

Transport eines alten Fertighauses der Firma Quelle ins Freilichtmuseum: Kein Problem für die Profis von Max Wild. Gesamtlänge des Zugs 25,5 m, Breite 7,85 m, Höhe 5,0 m. (www.maxwild.com) (Foto: © Max Wild GmbH)

DIE SCHWERLASTPROFIS

W. MAYER

Fuhrunternehmer Mayer in Zweibrücken machte sich um 1900 mit seinem Pferdefuhrwerk in Zweibrücken (Rheinland-Pfalz) selbstständig. Die nächsten vierzig Jahre sollte sich daran auch nichts ändern, erst die nächste Generation hat – nach der Katastrophe des Zweiten Weltkriegs – 1948 die Grundlagen zur heutigen W. Mayer GmbH & Co. KG gelegt. In den Wirtschaftswunderjahren gab es jede Menge zu tun, die Industrie benötigte neue Anlagen und Maschinen, und im Raum Zweibrücken wurde oft die Firma Mayer damit beauftragt. Folgerichtig expandierte die Firma, erweiterte Betriebsgelände und Fuhrpark, schaffte Autokrane an und begann sich in den Achtzigern – sicheres Indiz: der Erwerb einer Hubhebel-Kesselbrücke – auf die Durchführung von Großraum- und Schwertransporte zu spezialisieren. 2010 kam es zum Einsatz der weltweit ersten 1000-Tonnen-Seitenträgerbrücke.
Mayer gehörte außerdem zu den Gründern der Multilift Transportsysteme GmbH von 1995, einem Zusammenschluss von Schwerlast-Spezialfirmen aus Deutschland, Belgien und Luxemburg, die Aufträge aller Größenordnungen und Gewichtsklassen abwickeln kann. Zum Verbund gehören, neben W. Mayer, Aug. Alborn, Gebr. Markewitsch, Paule, P. Adams und Weiland. Zusammen verfügt der Verbund über 105 Zugmaschinen, 25 Kesselbrücken, 90 Krane und jede Menge Achslinien.

MEGALIFT

Die Megalift GmbH in Achim bei Bremen ist die Gründung dreier Gesellschafter, die 2002 mit drei Mobilkranen verschiedener Größe – Faun RTF 40/3, Grove GMK 5130 und Liebherr LTM 1060 – sich selbständig machten. Zwei der Gesellschafter stiegen 2008 aus, der dritte erweiterte das Geschäft ständig. Megalift betreibt nun eine der größten Mobilkranflotten Norddeutschlands. Damit einher ging auch ein Ausbau des Fuhrparks an Zugmaschinen und Trailern, bevorzugt von Nooteboom.

PAULE

Die Hermann Paule GmbH & Co. KG wurde von Fuhrunternehmer Paule 1918 als Möbelspedition in Esslingen bei Stuttgart gegründet. Gut zehn Jahre später, 1929, wurden die ersten Schwertransporte durchgeführt. Für die nächsten Jahrzehnte änderte sich daran nichts, Paule transportierte, was die Kunden wünschten.
Im Wiederaufbau der Nachkriegsjahre wuchs die Nachfrage nach Transportkapazitäten, und weil die Lasten immer schwerer wurden, wuchs auch der Paule-Fuhrpark: 1962 kam der erste 18-Tonnen-Autokran hinzu.
1968 erweiterte Hermann Paule seine Geschäftsaktivitäten um den Bereich Montage. 1973 folgte die Anschaffung der ersten Kesselbrücke mit 30 Tonnen Nutzlast,

Erster Einsatz für einen Schwerlast-TGX der neuen Lkw-Generation von MAN im Januar 2021. Mit an Bord: Die Schwerlastspezialisten von W. Mayer. (Foto: © MAN Trucks & Buses)

Schwertransport 2005 durch die Firma W. Mayer (www.w-mayer.de), Zugfahrzeug ist ein MAN 41.604. (Foto: © Ralf Weinreich)

Arcos 2658 von Megalift (www.megalift-gmbh.de) mit Nooteboom-Sechsachs-Plateau zum Transport eines Liebherr-Baggerarms. (Foto: © Ralf Weinreich)

Riga Mainz, 1929 gegründet, beschäftigt über 110 Mitarbeiter und betreibt rund 40 Krane von 30 bis 700 Tonnen Tragkraft. Diese Aufnahme entstand 2004. (Foto: © Ralf Weinreich)

Zum Riga-Fuhrpark gehören Schwertransporteinheiten wie beispielsweise 48 Achsen SPMT sowie patentierte Hebe- und Verschubsysteme, mit denen 4.000 Tonnen bewegt werden können. (Foto: © Ralf Weinreich)

1981 kamen die ersten modularen Achslinien. Inzwischen in vierter Generation geführt, liegt getreu dem Firmenmotto »Macht Schweres und Schwieriges leicht« der Schwerpunkt des Familienbetriebs auf Krandienstleistungen sowie auf Transporten für die Automobil- und Energiewirtschaft und im Anlagenbau.

RIGA MAINZ

Das Unternehmen, 1929 in Mainz von Cuno Riga gegründet, gehört heute zu den bekanntesten Unternehmen der Schwerlastbranche. Einmal mehr begann der Aufschwung des Unternehmens nach dem Zweiten Weltkrieg, als es galt anzupacken, um im Rhein-Main-Gebiet die Kriegsschäden zu beseitigen. Im Zuge des Wiederaufbaus entwickelte sich Riga zum Dienstleister in Sachen Krantechnik, denn 1955 hatte die Unternehmenswerkstatt einen ersten eigenen 7,5-t-Kran aufgebaut. 1958 schafften die Mainzer zehn Gittermast-Autokrane der britischen Firma Coles an, 1967 folgte der erste Gottwald-Autokran AMK 65. Aus der an Highlights nicht armen Firmengeschichte ragt das Jahr 1985 heraus, als Riga (das an der Entwicklung maßgeblich beteiligt gewesen war) es mit dem damals weltgrößten 1000-Tonnen-Teleskop-Autokran der Firma Gottwald ins Guinness-Buch der Rekorde schaffte. 1998 investierte man in einen 800 Tonnen Gittermastkran der Firma Liebherr. Weitere Rekordmarken folgten, zu den bemerkenswertesten Eigenentwicklungen gehört aber die 2020 mit einem Branchenpreis ausgezeichnete Power-Lift-Kombination aus Scheuerle SPMT mit einer Kesselbrücke und Litzenhebern zum Austausch von Bahnbrücken. Inzwischen sind damit bis zu 4.000 Tonnen schwere Bauwerke zu platzieren. Zwischen 2006 und 2013 wurde unter dem Firmennamen »Riga Baumann« ein Gemeinschaftsunternehmen mit der Firma Victor Baumann, Bonn, betrieben.

SCHMIDBAUER

Die Schmidbauer GmbH & Co. KG, Gräfeling, ist seit 1932 im Geschäft. Als normales Transportunternehmen von Jakob und Franziska Schmidbauer mit einem alten Lastwagen bei München gegründet, wurde das Unternehmen in den Jahren nach 1945 zu einem der führenden deutschen Anbieter für Mobilkrane und Spezialtransporte. Als die Münchner U-Bahn gebaut wurde, waren die Schmidbauers ebenso am Werk wie beim Bau des Olympiastadions 1972 und den erforderlichen Maßnahmen, um die Landeshauptstadt fit für Olympia zu machen. Die Schmidbauer-Gruppe, noch immer inhabergeführt, beschäftigt rund 600 Mitarbeiter und stellt flächendeckend mit den Tochtergesellschaften Fricke-Schmidbauer Schwerlast GmbH und Rieger & Moser GmbH & Co. KG an bundesweit nahezu 30 Standorten

Nach der Umrüstung in Appenweier wurde aus einem Mercedes-NG 2632 AK 6x6 ein Titan Z 3246 6x6. Der Umbau kostete knapp 150.000 D-Mark. (Foto: © Hersteller)

einen großen Spezial-Fuhrpark bereit, und ist außerdem international mit Niederlassungen und Vertriebsbüros in Estland, Finnland und Frankreich vertreten. Mit wachsender Nachfrage nach erneuerbaren Energien und dem Ausbau von Windparks hat sich Schmidbauer zunehmend auf den Bereich Heavy Lifting konzentriert.

THÖMEN

Die Geschichte des heute eng mit der Hüffermann-Gruppe zusammenarbeitenden Kran- und Schwerlastspezialisten begann 1927, als Heinrich Thömen in Hamburg-Neuland damit begann, Gemüse mit Pferd und Wagen aus dem Harburger Umland zum Wochenmarkt zu transportieren. Im Neuaufbau nach 1948 wurden dann Kohlen und Brennstoffe transportiert, 1956 kam dann – die Nachfrage war da – ein erster Autokran dazu, gekauft auf der Industriemesse in Hannover. Es folgte dann die typische Wirtschaftswunder-Erfolgsgeschichte. Bemerkenswert war allerdings, und das mit Sicherheit dem pulsierenden Hafenumschlag geschuldet, dass bereits 1962 ein Gottwald-Raupenkran mit 165 Tonnen Traglast angeschafft wurde: Solche Kaliber waren damals noch selten. Thömen war das erste Unternehmen in Deutschland, das einen 800-Tonnen-Teleskopkran anschaffte. Weitere Großkrane folgten, und wie bei jedem großen Kran- und Montageanbieter ist auch die Schwerlastlogistik kein Problem. Nicht zuletzt aus diesem Grund haben die Hamburger auch Cometto SPMT angeschafft.

VICTOR BAUMANN

Heinrich Baumann gründete 1888 ein Fuhrgeschäft in Engelskirchen. Mit einer Handvoll Pferdewagen speditierte er Waren durch das Bergische Land. 1914 zog er um nach Bonn, holte drei seiner Söhne mit in die Firma und begann mit dem Transport von Ton und Glas zum Rheinhafen. Erst in den Zwanzigern schickte Baumann die Zugpferde auf die Weide und ließ Raupenschlepper – die waren auf dem Untergrund besser aufgehoben – die Arbeit machen. Der erste Lkw wurde 1933 angeschafft,

In den typischen Baumann-Farben: Faymonville CombiMax, übernommen im Februar 2022. (Foto: © Faymomville)

Einsatz an der Alster: Krandienstleister Thömen demontierte im April 2024 zwei Eisenbahnüberführungen nahe Hamburgs Hauptbahnhof. Die Kabelhilfsbrücke im Vordergrund schränkte den Arbeitsbereich der Liebherr Mobilkrane LTM 1650-8.1 (hinten, Thömen) und LTM 1350-6.1 (vorn, Hüffermann) enorm ein. (Foto: © Liebherr)

Schmidbauer Schwertransporte (www.Schmidbauer-gruppe.de) übernahm 2023 insgesamt 32 Achslinien der Goldhofer Schwertransportmodule vom Typ THP/SL-L. (Foto: © Goldhofer)

Thömen, Hamburg (www.thoemen.de) kooperiert eng mit Hüffermann. Actros 3553 mit Faymonville-Tiefbett. (Foto: © Ralf Weinreich)

Ein 180 Tonnen schwerer Generator-Rotor auf Goldhofer-Tieflader mit 13 Achslinien. Nach Durchfahrt eines Kreisverkehrs wurden fünf zusätzliche Achsen hinzugefügt.
(Foto: © Kecko, CC-BY-SA-2.0)

1966 erprobte Welti-Furrer den Saurer-Prototyp 5DM 6x6, der auf ein Gesamtzuggewicht von 120 Tonnen ausgelegt war. Das Doppelachs-Aggregat stammte von OM in Brescia, drei Jahre später hatte Saurer eine eigene Hinterachslösung entwickelt.
(Foto: © ETH Zürich, Bildarchiv, CC-BY-SA-3.0)

Dieser Saurer 5DM 4x4 mit fester Brücke transportierte Sektionen für eine neue Fähre auf dem Zürichsee. (© ETH Zürch, Bildarchiv)

bis 1939 umfasste die Baumann-Flotte gut ein halbes Dutzend schwerer Lkw, zumeist von Vomag, dem führenden Anbieter für Fernverkehrs-Lastzüge. Natürlich wurden diese dann, samt Fahrern, von der Wehrmacht requiriert und im Krieg verheizt. Nachdem 1948 die Entscheidung gefallen war, Bonn zur Bundeshauptstadt zu machen, war Baumann am Um- und Aufbau beteiligt. 1957 gab's den ersten Tieflader im Fuhrpark, einen ausrangierten US-Trailer, dann kam ein alter Autokran, ab 1957 ein neuer Gittermast-Autokran mit 20 Tonnen Hubkraft. Heute umfasst die Baumann-Flotte über 90 Fahrzeuge, im Heavy Lift-Bereich sind Lasten bis 540 Tonnen kein Problem.

WELTI-FURRER

1838 gründete der Zürcher Postillion Jakob Furrer (1818–1889) eine Fuhrhalterei, die sich zu einem der größten Transportunternehmen der Schweiz entwickeln sollte. Er beförderte Post und Passagiere nicht nur in der Schweiz, sondern auch über die Landesgrenzen hinweg und unterhielt auch eine Eilkutsche nach Norddeutschland und nach Genua. 1859 betrieb er Droschen in Zürich, und mit seinem Schwiegersohn J.A. Welti dann auch eine Möbelspedition. Die dritte Generation ließ dann spezielle Möbelwagen fertigen, die auf Eisenbahnwaggons passten. Um die Jahrhundertwende parkten in den Höfen und Remisen nahezu 90 Pferdewagen für alle möglichen Verwendungszwecke (sogar zur Mistabfuhr) sowie 33 Pfederschlitten. Die nächste Generation schaffte ab 1910 Motorwagen an, stieg ins Reisegeschäft ein und wurde zum Speditionspartner der SBB, der Staatsbahn, in Zürich. Dieser Cargo-Bereich gehört heute zur DB Schenker Schweiz. Das Transport- und Reisegeschäft war ab 1923 eigenständig, erstes Schwertransport-Projekt war der Transport von Kraftwerks-Komponenten. Nach dem Tod von Max Adolf Welti, dem letzten Nachfahren der Gründerfamilie, wechselte die Firma verschiedentlich die Besitzer, bis 1993 die Übernahme durch die

Wiesbauer (www.wiesbauer-krane.de) im Landkreis Ludwigsburg vor den Toren Stuttgarts ist längst schon international unterwegs. (Foto: © Der Hobbybahner-Sachsen, CC-BY-SA 4.0)

Schweizer Knecht-Gruppe erfolgte. Heute wickelt das Unternehmen Privat- und Firmenumzüge ab, ist spezialisiert auf internationale Kunsttransporte, betreibt Buslinien und bietet natürlich auch Kran- und Spezialtransporte an. Rund 400 Menschen arbeiten Welti-Furrer, die Fahrzeugflotte umfasst rund 250 Fahrzeuge aller Art und Größen.

WIESBAUER

Dieses Unternehmen steht stellvertretend für all die mittelgroßen Firmen, die es – trotz lokaler Verwurzelung – längst schon zu überregionaler Bedeutung gebracht haben. Angefangen hat Firmengründer Franz Wiesbauer 1958 im Neckarörtchen Mundelsheim bei Stuttgart mit der Anschaffung eines 15-t-Autokrans. Geschick, Können und saubere Arbeit führten zu stetiger Expansion, 1972 wurde der Firmensitz ins nächstgrößere Bietigheim-Bissingen verlegt. Jetzt begann auch das Geschäft mit den Schwertransporten. Bis zur Jahrtausendwende konnte der eine oder andere Mitbewerber aufgekauft werden, und nicht nur die Anzahl der Standorte und Mitarbeiter (über 170 gegenwärtig) wuchs, sondern auch das Equipment: Seit Juli 2017 schmückt ein 1000-Tonnen-Raupenkran von Liebherr mit einer Hakenhöhe von über 190 Metern den Gerätepark.

WITTROCK

Gegründet 1970 als Kranvermietung Mennen & Wittrock in Bremen, übernahm der Kranvermieter 1978 die Schwerlastspedition Titschkus mit fünf ziehenden Einheiten, um die Umsetzung der inzwischen neun Autokrane zu erleichtern. Weitere Zusammenschlüsse und Übernahmen folgten. Die Wittrock-Gruppe mit weit über 300 Mitarbeitern agiert inzwischen europaweit als Vermieter im Kran-, Stapler- und Arbeitsbühnensegment. Neben klassischen Speditionsaufgaben werden auch Kesseltransporte und Schwer- und Großraumtransporte mit bis zu 36 m Länge und 250 Tonnen Güterlast übernommen. Im Firmenverbund sind über 150 Autokrane von 30 bis 800 Tonnen Tragkraft sowie ein Dutzend Gittermast- und Mobilkrane von 180 t bis 700 Tonnen verfügbar, 800 Arbeitsbühnen bis 53 m Arbeitshöhe sowie 70 Gabelstapler und weiteres Gerät zur Vermietung mit und ohne Bedienpersonal. Die Transportflotte umfasst etwa 100 ziehende Einheiten.

WOCKEN

Spedition aus dem Emsland, 1929 gegründet und seit 1931 mit eigenen Zugmaschinen für Großtransporte im Einsatz. Fast 100 Jahre später verfügt der Familienbetrieb mit über 80 Mitarbeitern über 55 ziehende Einheiten und rund 120 Trailer inklusive Goldhofer-Modulplattformen für Lasten bis 250 Tonnen.

Seit Juli 2023 verstärkt ein LTM 1650-8.1 für bis zu 700 Tonnen die Kranflotte von Ulferts & Wittrock. (Foto: © Liebherr)

Straßentransport einer teilzerlegten CH-53 durch die Spedition Wocken.(www.wocken.de) (Foto: © Ralf Weinreich)

Die Geschichte des Wittrock-Firmenverbunds (www.wittrock-gruppe.de) reicht bis 1909 zurück, als Hermann Titschkus ein Fuhrunternehmen gründete. Aufnahme von 2012. (Foto: © Ralf Weinreich)

Es sind drei eigenständige Firmengruppen, die traditionell eng zusammenarbeiten: die Wittrock-Gruppe, die Ulferts-Gruppe und die Ulferts & Wittrock-Gruppe. Im Hintergrund ist die legendäre Antonov AN-225 zu sehen. (Foto © Ralf Weinreich)

SCHWERLAST-ZUGMASCHINEN

Je schwerer die Last, desto größer die Zugkraft – eine simple Gleichung, die schon in grauer Vorzeit galt. Im 19. Jahrhundert gelang es allmählich, zwar nicht die Physik zu überlisten, aber doch zumindest die armen Zugpferde zu entlasten. Zwei kräftige Kaltblüter brauchte es, um einen gut eine Tonnen schweren Wagen auf der Ebene zu ziehen – in den hektischen Zeiten, welche mit der Industrialisierung anbrachen, war das zu wenig und zu langsam. Daher sann man auf Abhilfe, entwickelte Dampfzugmaschinen und dergleichen, die ein Vielfaches an Last bewältigten. Schneller waren sie aber auch nicht. Erst mit dem Verbrennungsmotor änderten sich die Verhältnisse. Zunächst waren die ersten Zugmaschinen ziemlich große Brocken, denn damals hingen Motorleistung und Baugröße eng miteinander zusammen: Je größer der Motor, desto größer die Leistungsausbeute, doch umso schwerer und unhandlicher auch die Zugmaschine.

Heute hingegen fahren sich Schwerlast-Zugmaschinen – kurz SLT – wie jeder andere schwere Lkw auch. Von außen sind sie kaum von diesen zu unterscheiden. Sichere Indizien, dass man eine solche Zugmaschine vor sich hat, sind mindestens drei Hinterachsen sowie die Ballastpritsche.

Nein, früher war nicht alles besser, sondern vieles komplizierter und mit viel mehr Aufwand verbunden: Schwertransport in den Schweizer Alpen, um 1910. (Foto: © PD)

Viele Schwerlastzugmaschinen, die in Europa aussortiert worden sind, schuften dann in Afrika und im Mittleren Osten weiter. (Foto: © PD)

SCHWERLAST-ZUGMASCHINEN

FAUN (D)

1910 erweiterte sich die »Nürnberger Wagenbau & Radfabrik Karl Schmidt« durch Zukauf der »Justus Christian Braun-Premier-Werke« zur »Nürnberger Feuerlöschgeräte und Fahrzeugfabrik« und erfuhr während des Ersten Weltkrieges einen Boom bei ihrer Fahrzeugfertigung. Sie hatte das deutsche Heer mit einem Regeldreitonner beliefert. 1919 fusionierte der Betrieb mit der »Fahrzeugfabrik Ansbach« zur neuen Firma »Faun«. Die Faun-Werke legten in der nicht nur für sie schwierigen Nachkriegszeit den Regeldreitonner wieder auf, bevor sie mit einer neuen Fahrzeugreihe mit Nutzlasten von 2,5 bis 5 Tonnen und Leistungen zwischen 30 und 55 PS aufwarten konnten. Ergänzend hinzu kamen Müllwagen, Omnibusse, Feuerwehr- und Sonderfahrzeuge.
Nach einer kurzen Flaute 1925 konnte Karl Schmidt bereits ein Jahr später mit der »Faun Kommunalfahrzeuge und Lastkraftwagen GmbH« einen neuen Betrieb gründen. Jetzt erschienen für den Fernverkehr der 8,5-Tonner Faun L600 D87 mit 170 PS, der erste schwere Faun. Weitere Modelle folgten, 1937 entstand der leistungsstärkste Faun-Fernverkehrslaster, der Dreiachser L900 mit 9 Tonnen Nutzlast und 200 PS. Ein Jahr später stellte Faun den überschweren Vierachser L1500 D587 fertig (15 Tonnen Nutzlast).
Auch nach dem Krieg setzte Faun auf schwere Laster und schaffte in diesem Bereich bis Mitte der 50er Jahre einen Marktanteil von gut 50 Prozent; der neue L900 von 1953 war mit 13 Tonnen der schwerste Nachkriegs-Faun mit Straßenzulassung. Ab 1956 statteten die Nürnberger die neu gegründete Bundeswehr mit schweren Lastern und Transportern aus, darunter z.B. der Faun L908, der von 1957 bis 1971 hergestellt wurde, und der 300 PS starke L912 aus dem selben Zeitraum.
Ende der 50er Jahre gab es neben den Haubern auch schwere Faun-Frontlenker, darunter den Allradlaster L106/39 KVA, den Dreiachser F836, die Sattelzugmaschine L148 und den vierachsigen 20-Tonner L1400, der aufgrund seines Gewichtes nur vom Militär genutzt wurde oder in den Export ging.
Die Herstellung von NATO-Militärfahrzeugen gewann bei Faun immer mehr an Bedeutung, die Produktion der zivilen Fernverkehrs-Typen wie dem F687 (200 PS Deutz-Diesel, 9 Tonnen Nutzlast, 1962–1966) oder der schweren Frontlenker F6103 und F6104 (12 Tonnen, 250–300 PS) lief 1969 aus.
Die schweren Militär-Fahrgestelle eigneten sich aber hervorragend zum Aufbau von Sonderfahrzeugen, von Kommunal- und Baufahrzeugen, von schweren Muldenkippern, Straßenzugmaschinen, Hüttentransportern und Kranfahrzeugen. In dieser Nische überlebte Faun, wurde dann von Japanern übernommen und produziert heute als »Tadano-Faun« Kran- und Kommunalfahrzeuge.

Fernfahrer, die sechsachsige Lastzüge wie diesen Faun L 900 D über die Fernverkehrsstraßen chauffierten, galten damals als ganze Kerle. (Foto: © Ralf Weinreich)

Für den Transport des neue Bundeswehr-Panzers Leopard lieferte Faun ab 1976 zunächst 324 »Sattelzugmaschine, schwer, gl, 8x8 Schwerlasttransporter SLT 50-2«. (Foto: © Ralf Weinreich)

Faun-Ölfeldtruck Koloss 6x6, gezeigt 1985 auf der IAA. Innerhalb der Baureihe gab es 6x6 oder 8x4 Zugmaschinen mit Motoren von Deutz (Bild), Mercedes und Cummins. Die Kabine stammte von Magirus. (Foto: © Hersteller)

Diese schwere Faun Zugmaschine L 1206 W 45 Z 6x6 mit MTU-Diesel brachte 450 PS auf die Straße. (Foto: © Ralf Weinreich)

Die neue Lkw-Reihe von FTF verwendete zunächst viele Mack-Komponenten. Das Fahrerhaus aber kam von Motor Panels, wie bei den britischen Lkw-Herstellern Foden, Guy, Scammell, Seddon, Dennis und ERF auch. (Foto: © FTF/W.H. Goodwin/Stanier Collection)

FTF FS 8.8.20D 8×4 (1979) in den Farben der Schwerlast-Spedition Van Wezel, die zusammen mit Breda 1971 zu Mammoet fusionierte. (Foto: © Hersteller)

FTF F-8.28D Ballastschlepper auf dem Weg zur RAI. Big Lift wurde 1979 von Mammoet übernommen, dieser FTF – einer von fünf, die Big Lift 1976 beschafft hatte – wurde von Mammoet unter der Flottennummer 304, später 344, geführt. Der Truck, dann im Mammoet-Rotweiß, ging nach England, anschließend in den Mittleren Osten und dann wieder zurück in die Niederlande – wo die Schwerlastzugmaschine, jetzt in Diensten der Spedition Megro – beim ersten Einsatz wegen eines Elektrikdefekts Feuer fing. (Foto: © Anefo)

SCHWERLAST-ZUGMASCHINEN

FTF (NL)

FTF im niederländischen Wijchen war eigentlich ein Landhandel mit angeschlossener Spedition. Das Unternehmen begann in den späteren Vierzigern mit der Entwicklung eigener Anhänger, die ein gehöriges Maß an Überladung vertrugen. Auch die US-Trucks von Mack – höchst populär nach der Befreiung der Niederlande durch US-Truppen – hatten den Ruf, unzerstörbar zu sein. Floor nutzte das Markenimage und begann 1952 mit dem Mack-Import. Drei Jahre später übernahm FTF deren Montage in einer neu erbauten Fabrik. Die Amerikaner verlängerten aber den bis 1964 gültigen Vertrag nicht, weil sie den französischen Hersteller Bernard gekauft hatten und sich damit ein eigenes Standbein in Europa schufen. Daher begann die »Floors Handel en Industrie BV« 1966 mit dem Bau eigener Lkw unter dem Label »Floor Truck Fabriek«. Natürlich wiesen diese noch zahlreiche Mack-Komponenten auf, bis hin zur eigenen, aber noch sehr Mack-mäßigen Kabine. An Motoren kamen Detroit-Diesel-V-Triebwerke mit 6, 8, 12 und 16 Zylindern zum Einsatz. Dabei handelte es sich um urgewaltige Zweitakt-Diesel. Wer einen solchen Motor anließ, durfte sicher sein, dass das in der Nachbarschaft nicht unbemerkt blieb. Der Rest war nach Belieben frei konfigurierbar: Allison- oder Fuller-Getriebe, Achsen von Kessler, Kirkstall oder Steyr, lediglich – die zweite Konstante neben den Motoren – die Kabine stammte immer vom englischen Zulieferer Motor Panels. Schon früh konzentrierte sich das Unternehmen auf den Bau schwerer Drei-, Vier- und Fünfachser, wahlweise auch liftbar; das System hatte FTF selbst entwickelt.

Zugmaschinen für das Militär

Als die niederländische Armee Anfang der Siebziger einen Ersatz für die alten Thornycroft Mighty Antar suchte, wurden die Firmen DAF und FTF aufgefordert, ihre Angebote abzugeben. FTW präsentierte eine Lösung mit dem 475 PS starken V12-71 Detroit Diesel, Allison-Sechsgang-Halbautomatik, Mack-Achsen und britischem Fahrerhaus. Die Sattellast betrug 30, das Gesamtzuggewicht 110 Tonnen. Ein Allrad-Antrieb war nicht gefordert. DAF verwendete auch einen Detroit-Diesel, nutzte aber eine eigene Kabine. Dennoch ging der prestigeträchtige Auftrag an die kleine Firma. Insgesamt wurden ab 1973 40 Einheiten in zwei Losen geliefert, die Aussonderung begann 1994. Danach gelangten viele Maschinen (die in Europa nie eine zivile Typzulassung erhalten hatten) in den Export und ersetzten oft alte Faun. Insgesamt entstanden bis 1995 zwischen 700 und 1000 FTF-Lkw, die Spedition Huijbregts war mit 122 Stück der bedeutendste Kunde bei FTF. Das Unternehmen konzentrierte sich nach 1996 ganz auf den Trailer-Bau, ging 2006 an Nooteboom, das es 2010 weiterverkaufte.

Hanomag AL 28, konzipiert vor allem für Bundeswehr, Katastrophenschutz und THW: Nach dem Verschwinden der Straßenzugmaschinen verlegten sich die Hannoveraner auf den Bau von leichten Lkw. (Foto: © Ralf Weinreich)

Gigant: Schwere Straßenzugmaschine Hanomag ST 100. Die 100-PS-Maschine brachte 24 Tonnen Zugkraft an den Haken. (Foto: © Ralf Weinreich)

Hanomag HL, der Viertonner mit 65 PS, 1933.
(Foto: © Slg. Schrader)

HANOMAG (D)

Zu den größten Anbietern von Lokomotiven gehörte die »Eisengießerei und Maschinenfabrik Georg Egestorff« aus Hannover. Ab 1912 begann sie als »Hanomag« zuerst mit der Herstellung von Landmaschinen, dann von Personenwagen. Dazu kamen erste Dampfkraftwagen; diese Lastzüge schafften Nutzlasten von bis zu sechs Tonnen samt Anhänger mit zwei bis vier Tonnen. 1931 stellte Hanomag den Bau von Lokomotiven ein und widmete sich dem Bau von Schleppern. Nicht gut lief es im Lastwagenbau, die HL-Reihe von 1933 (Frontlenker, 5,2-Liter-Vorkammerdiesel mit 60-65 PS, Unterflur) hielt sich nur ein Jahr am Markt. Ab 1941 baute Hanomag nur noch Rüstungsgüter.

Mit Zugmaschinen zum neuen Anfang

Nach dem Krieg, 1949, stellten die Hannoveraner neben der kleinen Zugmaschine ST 20 die Neuauflage des Wehrmachtschleppers als Straßen-Zugmaschine ST 100 vor. Diese Kombination aus Traktor und Lkw war ein für die ersten Nachkriegsjahre deutsches Phänomen, denn Westdeutschland hatte sich nicht, wie etwa die DDR, einer ersten, europaweiten Übereinkunft bezüglich der Achslasten und Gesamtlängen von Lastwagen angeschlossen, sondern hielt an den aus den Kriegszeiten stammenden Bestimmungen – bei der die Längenbegrenzung von 22 Metern aufgehoben worden war – fest. Das führte zur typischen Kombination aus Straßenschlepper mit zwei Anhängern, und Hanomag konzentrierte sich ganz auf deren Produktion – neben den Arbeiten an einem neuen leichten Lastwagen in der 1,5-Tonnen-Klasse mit Ganzstahl-Fahrerhaus, erschienen Ende Februar 1949. Von Anfang an setzte Hanomag auf eigene Diesel-Motoren, später wurde sie auch zugekauft, etwa von Daimler-Benz. Nachdem Deutschland dann den Betrieb eines zweiten Anhängers verbot, bedeutete das zwangsläufig auch das Aus für die Zugmaschinen. Hanomag baute nunmehr ausschließlich Lastwagen im Bereich bis drei Tonnen. Nach diversen Transaktionen, Kooperationen und Gemeinschaftsentwicklungen trat der Mutterkonzern Rheinstahl 1970 seine Nutzfahrzeugsparte (zu der auch Henschel gehörte) an Daimler-Benz ab. Hanomag selbst konzentrierte sich auf die Herstellung von Baumaschinen, bis Rheinstahl schließlich auch diese Sparte abstieß, die dann, auf Umwegen, im März 1984 in Konkurs ging. Aus den Resten entstand Hanomag neu, das dann Ende 1989 an den Baumaschinen-Hersteller Komatsu Ltd. aus Tokio ging. In Hannover entstanden nun Radlader, aber eben nicht mehr unter dem Namen Hanomag.

HAYES (CDN)

In der nordamerikanischen Nutzfahrzeuggeschichte gehört der Name Hayes zu den bekanntesten überhaupt. Zu verdanken ist das zwei Männern, einem Amerikaner und einem Kanadier. Der eine, Daniel D. Hayes, war Feuerwehrmann und erfand in den späten 1860ern den Hayes Truck, das erste motorisierte Drehleiterfahrzeug. Es handelte sich dabei um einen Dampfkraftwagen. Mächtig Dampf machte, ein halbes Jahrhundert später, Hayes-Nachfahre Douglas Hayes, Ersatzteilhändler in der kanadischen Provinz British Columbia. Er gründete, zusammen mit einem Partner namens Anderson, 1920 (nach anderen Quellen: 1922) eine Firma zum Bau von Lkw. Diese Hayes-Anderson Motor Company Ltd. konzentrierte sich auf den Bau und die Entwicklung von Fahrzeugen für die Forstwirtschaft, denn für diese Kundengruppe gab es keine geeigneten Forst-Lkw. Und für die industrielle Holzernte waren Pferdegespanne einfach unwirtschaftlich.

Hayes baute für sie den ersten zweiachsigen Holztransporter und war auch der erste, der auf den Diesel-Motor setzte. Hayes kaufte die Aggregate stets zu, bevorzugt von Hercules, Continental und Leyland. Dazu stattete er seine Holzanhänger mit einer besonderen Ladetechnik aus, die es erlaubte, innerhalb von weniger als zwanzig Sekunden zu entladen. Der schwerste Anhänger jener Jahre war mit 15 Tonnen klassifiziert, die Forstunternehmer sahen das aber lediglich als Empfehlung und überluden sie ums Dreifache. Die Hayes-Trailer aber hielten problemlos durch – das verhalf ihnen zu einem legendären Ruf. Dazu kamen Spezialfahrzeuge für den Hafenumschlag und Doppelachsaggregate zum nachträglichen Umbau von Ford Modell AA oder Chevrolet-Lkw. In den späten Dreißigern fungierte Hayes außerdem als Importeur für britische Leyland-Trucks und verwendete dann Leyland-Komponenten. Diese waren wesentlich günstiger als amerikanische Teile.

Nichts geht über Bärenmarke

Nach dem Zweiten Weltkrieg war Hayes mit seinen Timbertrucks eine ganz große Nummer in der Forstindustrie. Zur Legende wurde die Marke mit dem Bären auf der Motorhaube – massiv wie alles an den Trucks, die Figur wog 2,5 Kilo – mit den Schwerlastzugmaschinen HDX (»Extra Heavy Duty«) und WHDX (»Wide Extra Heavy Duty«). Die Motoren stammten jetzt von Rolls-Royce, Cummins, Detroit Diesel und Caterpillar. Der größte Hayes-Lkw, der HDX 1000, verfügte über einen 430 PS starken Detroit Diesel V-12 in Verbindung mit einem Allison 5-Gang-Getriebe und einer Clark-Hinterachse, stärkere HDX hatten Cummins-Turbomotoren.

Um den Fokus zu erweitern, leitete Hayes von den Schwerlast-Zugmaschinen zulassungsfähige Straßen-

Hayes-Anderson 4x2, ca. 1930, für den Hafeneinsatz. Das Niederrahmenchassis erleichterte den Güterumschlag. Die Motoren kamen von Hercules und Continental. (Foto: © Hersteller)

Hayes bot zwei verschiedene Arten von Off-Highway-Lastkraftwagen an: Die HS-Serie, etwa für den Aufbau als Muldenkipper, und die HDX-und W-HDX-Forstmaschinen, letztere mit Detroit-Diesel- und Caterpillar-Motoren. Dass sich neben Hayes auch Firmen mit ähnlicher Produktpalette wie etwa Pacific etablieren konnten, liegt an der Bedeutung der Holzwirtschaft für Kanada: Logging Trucks und weiteres Gerät tragen rund 20 Prozent zum Bruttosozialprodukt bei. (Foto: © Hersteller)

Die Frontlenker von 1970 hießen Clipper 100 und entsprachen der F-Serie, die Mack für die Westküste baute. (Foto: © Hersteller)

Hayes Clipper, 1962: »Kostet vielleicht etwas mehr«, so die Werbung, »ist aber der bessere Truck«. (Foto: © Hersteller)

Hayes HDX 45-115 von 1975. Diese Briefmarke wurde im Juni 1996 herausgegeben als Teil einer Serie »Historic Land Vehicles«. Als Vorlage diente der letzte gebaute Hayes Truck. (Foto: © Canadian Post)

Hayes 400 in einem Prospekt von 1970. Standard waren Timken-Achsen, Cummins-Motoren – und eine stabile Stoßstange aus 5 mm starkem Stahl: 2,43 m breit, 28 cm hoch. (Foto: © Hersteller)

Flaggschiff der spanischen Schwerlastspedition Arbegui S.A. ist der 800 PS starke Hayes W-HDX 6x6. Vier Exemplare wurden gebaut, zwei davon bei PACCAR, und die wiederum erhielten die Spanier, die sie 1990 überholten und auf 800 PS brachten. (Foto: © Buron444/ CC-BY-SA 3.0)

Hayes HDX 45-98, 1967. (Foto: © Hersteller)

Hayes Clipper 200 1969 mit Mack-Kabine, gebaut für die Highways, aber ausgestattet nach Kundenwunsch und daher viel zu teuer: Die Rechnung ging nicht auf. (Foto: © Hersteller)

fahrzeuge ab. Diese hießen »Clipper«, es gab sie analog zu den HDX und WHDX in zwei Ausführungen als Clipper 100 und 200, als Frontlenker oder auch als klassische Hauber.
1967 kam ein neuer Geschäftsführer zu Hayes, ein Mack-Mann, und als 1969 die Firma unter Hayes-Sohn Donald nach einem kapitalstarken Partner suchte, griff The Signal Company, die Muttergesellschaft von Mack Trucks, zu und erwarb eine Mehrheitsbeteiligung. Das hatte strategische Gründe, denn Mack war es bislang nicht gelungen, dem kanadischen Platzhirsch in Sachen schwere Lkw, Kenworth, Konkurrenz zu machen.

Aus Hayes wird Mack

Bis zur Übernahme durch Mack war Hayes eine Firma, in der 80 Mitarbeiter pro Woche einen Lkw produzierten, und der wurde im Grunde genommen nur an Kanadas Westküste, in den Provinzen B.C. und Alberta, verkauft. Mit amerikanischem Kapital ausgestattet und dem US-Vertriebsnetz im Rücken, verzehnfachte sich der Absatz. Außerdem konnte Hayes nun Mack-Komponenten nutzen, was in erster Linie die Clipper-Reihe betraf, außerdem kam mit dem HD-400 eine Schwerlastzugmaschine mit Straßenzulassung. Ähnliches spielte sich auch bei den Holzanhängern ab, denn das Gros der Forstanhänger war zu schwer und daher nicht zulassungsfähig. Doch Hayes konnte 1971 seinen größten Einzelauftrag verbuchen: Gleich 26 identische (bis dahin war jeder Truck individuell konfiguriert worden) 100-Tonnen-Zugmaschinen und ein halbes Hundert passender 100-Tonnen-Anhänger wurden für die Holzabfuhr im unwegsamen Nordwesten von British Columbia bestellt; pro Fuhre sollten so etwa 200 Tonnen Holz transportiert werden. Bemerkenswerte Neuentwicklung jener Jahre war der erste Fahrmischer der Marke, der MD-250. Doch schon im Januar 1974 verkaufte Mack Trucks angesichts der bevorstehenden Rezession seine Hayes-Anteile an Paccar und damit an Hauptkonkurrent Kenworth.
Während der kurzen Zeit, in der Paccar Hayes besaß, wechselten die »Clipper«-Lkw ihr Fahrerhaus von ehedem Mack auf Peterbilt, eine Schwestermarke von Kenworth und weitere Paccar-Tochter. Viele »Hayes-Pete« entstanden nicht, Paccar machte Hayes am 30. September 1975 dicht und verkaufte das letzte Inventar im Januar 1976.

SCHWERLAST-ZUGMASCHINEN

HENDRICKSON (USA)

Die Geschichte von Hendrickson begann im Jahre 1887 mit dem Schweden Magnus Hendrickson, der in den Vereinigten Staaten sich eine neue Existenz aufbaute und ab 1900 bei einem längst vergessenen Lkw-Hersteller anheuerte. Der Schwede wurde dort Chefkonstrukteur, seine erste Großtat bestand in der Entwicklung einer Kippkabine. 1913 verließ er seinen bisherigen Arbeitgeber und machte sich mit der Hendrickson Motor Truck Company selbstständig. Firmensitz war Chicago, der erste Lkw ein Frontlenker mit Kettenantrieb. Nach dem baute Hendrickson ein aus drei Modellen bestehendes Lkw-Programm mit Kardantrieb bis hoch zu fünf Tonnen Nutzlast auf. Neben diesem – erwartbaren – Standard-Programm setzte Hendrickson aber vermehrt auf Schwer- und Spezialfahrzeuge wie Baustofftransporter. Diese wiederum erforderten oftmals Einsätze auf schwierigem Untergrund, vielleicht war das der Grund dafür, dass 1926 Magnus' Sohn, Robert Theodore Hendrickson, eine Doppelachse mit Pendelfederung entwickelte. Dieser einzigartige »Walking Beam« bewährte sich bestens, nicht nur auf der Baustelle. Diese gefederte Tandemachse erfreute sich schon bald großer Beliebtheit und erhöhte die Nutzlast der neuerdings angebotenen 6x4-Dreiachser. Truck-Hersteller International Harvester erwarb 1936 die Rechte an der patentierten Konstruktion, was zu einer engen Zusammenarbeit beider Firmen und zum Einsatz von International-Kabinen bei Hendrickson führte – sofern der Kunde es nicht anders wollte. Die vor allem im Großraum Chicago anzutreffenden Trucks wurden speziell auf die Bedürfnisse der jeweiligen Kunden maßgeschneidert. Nach 1938 bot Hendrickson seine Hauber wie auch die Frontlenker mit Cummins-Dieseln an. Große Stückzahlen waren so nicht zu erzielen, bis in die frühen 1960er Jahre hinein dürfte die Jahresproduktion bei kaum mehr als 100 bis 120 Einheiten gelegen haben (und auch das war schon eine Verdoppelung gegenüber dem vorangegangenen Jahrzehnt).

Big Henry, the Beauty and the Beast

Für landesweites Aufsehen sorgte Hendrickson 1964 mit »Big Henry«, einer Schwerlast-Zugmaschine mit 12-Zylinder-Cummins-Diesel und 500 PS. Das Einzelstück auf Basis der seit 1950 gebauten B-Serie mit International-Kabine war auf eine Zuglast von 500 Tonnen bei einem Gefälle von 15 % ausgelegt. Entsprechende Schwerlastauflieger baute die nur einen Steinwurf von Hendrickson entfernt gelegene Firma Talbert Trailers.

1970 stellte Hendrickson – die Jahresproduktion lag nun bei etwa 300 Einheiten – mit der H-Serie eine neue Lkw-Generation vor, die das Fahrerhaus der International Fleetstar-Serie erhielt. Kurz nach Serienanlauf,

Früher Hendrickson-Fünftonner, ca. 1922. (Foto: © Hersteller)

Nach Vertragende mit IH 1951 verkaufte Hendrickson seine Doppelachsaggregate auch an andere Hersteller, in den Sechzigern hatten zwei von drei US-Dreiachsern diese Achsen. (Foto: © Hersteller)

Familiensache: Der alte Schwede und zwei seiner vier Söhne. Die Erfindung der Doppelachse war ein großer Wurf, er sicherte dem Unternehmen das Überleben. (Foto: © Hersteller)

Man schätzt, dass unter Hendrickson-Label insgesamt rund 5500 Trucks gebaut wurden. Im Bild ein Hendrickson-Showtruck von 1954, aufgenommen 2017 bei der Illinois Railway Museum's 27th Annual Vintage Transport Extravaganza. Die Haube dieser B-Serie war wesentlich länger als bei anderen Highway-Lastern, es gab aber auch die Möglichkeit, Kurzhauber mit höherer Kabine zu kaufen. Bei späteren Modellen bestand die Haube aus einem Gemisch aus Stahl und Fiberglas, das sparte Gewicht. (Foto: © H. Michael Miley via Flickr / CC-BY-SA 2.0)

Nach Erfindung des Doppelachsaggregats hat Hendrickson bereits 1927 erste Mobilkran-Fahrgestelle gebaut. Im Zweiten Weltkrieg entstanden Feuerwehren und Mobilkräne für das US Marine Corps. Dieses 12x6 Fahrgestell der D-Serie zum Aufbau als Kran hatte Timken-Achsen, aber die berühmten Hendrickson-Rad- und Federaufhängungen. Hendrickson bot Fahrgestelle mit bis zu 200 Tonnen Traglast. (Foto: © Hersteller)

1985 verkaufte Hendrickson seine Lkw-Produktion an den in Michigan ansässigen Feuerwehr-Spezialisten HME. (Foto: © MJ, CC-BY-SA 4.0)

Hendrickson 360 »Hulk«, 1971: Zweimal gebaut, auch hier mit Cummins. Das Gesamtzuggewicht betrug 560 t. (Foto © Hersteller)

Hendrickson »Big Henry«: 1964 gebaut mit 500 PS starkem Cummins-V12 unter der Haube. Dagegen wirkt die IH-Kabine kümmerlich. (Foto © Hersteller)

1971, entstanden dann zwei weitere Monstertrucks, »The Beauty« und »The Beast«. Offiziell als Hendrickson 360 bezeichnet, kamen die beiden überschweren Trucks bei einem Kraftwerkprojekt am Churchill River in Labrador, im äußersten Osten Kanadas, zum Einsatz. Ballastiert jeweils bis zu 163 Tonnen schwer, durften sie 560 Tonnen schwere Lasten an den Haken nehmen, im Gespann lag das Gesamtzuggewicht bei 1600 Tonnen. Zehn Jahre später wurden die beiden Trucks umfassend aufgearbeitet und auf den Ölfeldern in Alaska eingesetzt.

Zukunft als Zulieferer

Zu dem Zeitpunkt hatte Hendrickson seine Selbständigkeit verloren: 1978 kaufte der Lkw-Zulieferer The Boler Company die Firma auf und setzte verstärkt auf die Fertigung von Fahrwerkskomponenten wie Federungssystemen für Lkw. In den darauffolgenden Jahren expandierte Hendrickson bzw. erwarb weitere Unternehmen in verwandten Bereichen wie Anhänger-Federungen, Zusatzachssysteme, Federn, Metallstoßstangen und andere Schwerlastkomponenten. Der Fahrzeugbau geriet ins Hintertreffen, 1985 verkaufte Hendrickson – das in den Jahrzehnten zuvor immer wieder Feuerwehrfahrzeuge gebaut hatte und andere Hersteller mit Chassis und Kabinen belieferte – seine Lkw-Sparte an den in Michigan ansässigen Feuerwehr-Spezialisten HME, der heute unter »HME Ahrens Fox« firmiert und zu den bekanntesten Produzenten von Feuerwehr-Fahrzeugen gehört. Die schweren HME-Feuerwehren bauten auf der Hendrickson-Serie 1871 auf und wurden auch unter dem Markennamen »HME Hendrickson« verkauft. Letzte zivile Hendrickson-Entwicklung waren die schweren Hauber der VT100-Reihe, die schon bei HME entstanden. Der Name Hendrickson steht heute für einen weltweit führenden Zulieferer von Federungskomponenten für die Nutzfahrzeugbranche.

Hendrickson-Prospekt für die Serien H (oben) und 90" BBC (unten), von 1970, jeweils mit IH-Kabinen. Die Motoren kamen von Cummins oder Detroit Diesel. (Foto: © Hersteller)

SCHWERLAST-ZUGMASCHINEN

KAELBLE (D)

Angefangen hatte alles mit einer Reparaturwerkstatt für Gerberei- und Dampfmaschinen in der ehemaligen Oberamtsstadt Cannstatt – heute ein Stadtbezirk von Stuttgart –, die Gottfried Kaelble 1884 gegründet hatte. Reparaturarbeiten alleine genügten den Kaelbles aber bald nicht mehr. Deshalb baute Carl Kaelble, der Sohn, 1907 seinen ersten Lastwagen – gedacht allerdings nur für Transportaufgaben auf dem firmeneigenen Werksgelände. Während des Ersten Weltkrieges fertigte Kaelble für das Deutsche Heer motorisierte Zugmaschinen für die schwere Artillerie, doch erst 1927 baute Kaelble serienmäßig schwere Lastkraftwagen. In Erinnerung geblieben sind aber vor allem die schweren Zugmaschinen für die Deutsche Reichsbahn, die diese Schlepper für den Straßentransport ihrer Eisenbahnwagen benötigte.
Im Zweiten Weltkrieg entstanden wieder schwere Militär-Zugmaschinen, danach wieder schwere Zugmaschinen und Raupenschlepper für spezielle Anwendungen. Am Wiederaufbau gedachte man mit dem Bau von schweren Lastwagen wie dem 150 PS starken 8-Tonner K 631 L oder dem K 832 L mit 19,1-Liter-8-Zylinder-Diesel und 200 PS zu profitieren. Bereits 1949 hatte das Unternehmen mit dem Modell K 630 LF einen 150 PS starken Frontlenker im Programm, der in den folgenden Jahren um die Typen K 631 LF, K 645 LF (145 PS, 8,2 Tonnen) und K 650 LF (150 PS, 6,4 Tonnen) erweitert wurde. Doch für den Einsatz im Fern- oder Verteilerverkehr waren die Backnanger Lkw viel zu schwer und unhandlich, um ernsthaft gegen Mercedes und Co. bestehen zu können. Zwei- bis dreiachsige Muldenkipper, Zugmaschinen und große Radlader waren viel typischer für das Kaelble-Sortiment.

Weil Kaelble auf Dauer zu klein war, um gegenüber den großen Konkurrenten bestehen zu können (und gemessen daran wiederum eine zu große Typenvielfalt hatte), blieb Kaelble stets ein Nischenanbieter. Und selbst in der taten sich immer größere Probleme auf: Das Geschäft mit den Straßenzugmaschinen brach weg: Von Gesetz wegen wurde der Betrieb von zwei Anhängern – mit Ausnahmen für die Landwirtschaft – verboten, dazu kamen die sogenannten »Seebohmschen Gesetze« von 1953, die den Längen und den Gewichten von Lkw Beschränkungen auferlegten. Der Bau von Fernverkehrs-Lkw wurde vollends unrentabel, für echte Innovationen fehlte das Geld, die eigene Motorenfertigung war zu teuer, und auch die Kabinen nicht mehr zeitgemäß: 1963 stellten die Backnanger die Lkw-Fertigung ein. Gebaut wurden jetzt nur noch Schwerlastzugmaschinen, vor allem für den Export. Deren Fertigung endete 1986. Danach gab es dann nur noch Muldenkipper. Seit 2010 befindet sich Kaelble unter dem Dach der »Atlas Maschinenbau GmbH«.

Die Zugmaschinen hatten ihren Haupteinsatzzweck im Transport von Güterwagen für den Haus-zu-Haus-Verkehr der DRG, später DB bzw. DR. Im Bild ein Kaelble K 632 ZB/15. (Foto: © Ralf Weinreich)

300 PS stark war der Kaelble KDV 22 Z8 T aus dem Jahr 1962. (Foto: © Ralf Weinreich)

Solche Lkw gehörten nie zu den Kaelble-Bestsellern. (Foto: ERWE)

Die Zugmaschinen – hier die KDV 400 Z von 1968 – wurden auch noch nach Einstellung der Laster weiter produziert. (Foto: © Hersteller)

Kaelble hatte sich seit den Anfängen im Jahr 1927 auf die Produktion von schweren Lastwagen spezialisiert. (Foto: © Ralf Weinreich)

Das ist der »Büffel«, ein 1992er ÖAF 48.792, eine Maschine mit MAN V12 Schiffsdiesel, permanentem Allradantrieb und Spezialgetriebe. In der Zwischenzeit wurde der »Oldtimer« mit der Nummer 6 umfassend revidiert und hat ein Hochdach erhalten. (Foto: © Ralf Weinreich)

Prospektbild für die ÖAF/MAN E 2000 als Sonderfahrzeuge mit bis zu 250 Tonnen Gesamtzuggewicht. (Foto: © Hersteller)

Dieser ÖAF TGM 18.330 ist eigentlich ein MAN mit ÖAF-Aufschrift. Nach der Übernahme erschienen die gemeinsamen Modelle in Österreich mit diesem Logo. (Foto: © ÖAF, CC-BY-SA-3.0)

SCHWERLAST-ZUGMASCHINEN

MAN / ÖAF (D/A)

Schwerlastzugmaschinen, wie wir sie heute kennen, gibt es in Deutschland im Grunde genommen erst seit den Siebzigern. Das lag einerseits daran, dass Schwertransporte in erster Linie im Gespann aus Zugmaschine und Tiefladeanhänger durchgeführt wurden (und das war die Domäne von Faun und Kaelbe), zum anderen aber auch daran, dass es in den Fünfzigern und Sechzigern keine geeigneten Sattelzugmaschinen gab. Denn die waren vom Gesetzgeber arg benachteiligt, weil mit sehr restriktiven Bestimmungen belegt: Ihre Gesamtlänge durfte ab dem 1.1.1958 nur noch 13 Meter betragen, statt, wie bisher üblich, 14 Meter. Da half es wenig, dass die Achslasten vorne und hinten auf acht Tonnen angehoben worden waren und die seit 1954 geltende Sondersteuer für Sattelzüge entfiel. Erst nachdem am 7. Juli 1960 in Angleichung an die künftigen EWG-Vereinbarungen die Gesamtlänge auf 15 Meter heraufgesetzt wurde, kam Bewegung in die Sattel-Entwicklung.

Aufgrund der Längenvorgaben mussten wirtschaftliche Zugmaschinen Frontlenker-Fahrerhäuser haben. Bei MAN erhielten diese den Spitznamen »Pausbacke« und basierten auf engen Fünfziger-Jahre-Entwürfen. Erst mit den kantigen Frontlenker-Fahrerhäusern, übernommen von Saviem 1967 und in den Baureihen F7, F8 und F9 verwendet, nahm der Sattelschlepperbau bei MAN Fahrt auf. Diese Fahrerhäuser wurden, verschiedentlich modellgepflegt, bis 1986 verwendet und dann durch die Baureihen F 90 und F 2000 ersetzt – die dann zur Jahrtausendwende ihrerseits durch die »Trucknology«-Generation (TG) ersetzt wurden.

Wie bei allen Lkw-Herstellern gab und gibt es diese Fahrerhäuser in verschiedenen Ausführungen und Längen, Höhen und Innenräumen, je nach Einsatzzweck des Fahrzeugs. Und, wie bei jedem Hersteller, bilden bei den SLT-Zugmaschinen die leistungsstärksten Motoren und die größten Fahrerhäuser die Basis. Aufgrund der geringen Stückzahlen haben die Hersteller den Bau solcher Spezialfahrzeuge ausgelagert – im Falle von MAN an die österreichische Tochter ÖAF, die heutige »MAN Truck & Bus Österreich AG«.

Von ÖAF zu MAN

Die 1907 in Wien-Floridsdorf gegründete und 1925 in »Österreichische Automobil Fabrik AG« – ÖAF – umbenannte Firma hatte seit 1934 MAN-Diesel in Lizenz gebaut, war dann 1938 ganz von MAN übernommen und nach Kriegsende verstaatlicht worden. Mitte der Fünfziger überraschte der Staatsbetrieb mit einem gelungenen Frontlenkerhaus und einer neuen Lkw-Generation. Die Bestseller des Werkes hießen »Tornado«. Hauptabsatzmarkt blieb aber Österreich, und dieser Markt war zu klein. In den Sechzigern geriet das Unternehmen in

Das langjährige Erfolgsmodell von ÖAF war der Tornado. Im Bild zu sehen die Haubervariante in Kipperausführung. (Foto: © Hersteller)

die roten Zahlen, der österreichische Konkurrent Steyr war interessiert, wollte aber den Lkw-Bau bei der ÖAF einstellen. Die österreichische Austro-MAN war ebenfalls interessiert und hatte klare Vorstellungen von der weiteren Zukunft des Werkes. So kam, es zur Fusion von ÖAF, Austro-MAN und dem vom Konkurs bedrohten Omnibushersteller Gräf & Stift. 1971 erfolgte schließlich die Übernahme durch den Mutterkonzern – der, am Rande sei's erwähnt, 1989 auch Steyr schluckte. Der ÖAF-Tornado blieb noch bis 1977 im Programm, alle anderen Lkw im Programm waren von nun an identisch mit denen von MAN, lediglich im Kühlergrill blieb noch die Bezeichnung ÖAF lange Zeit bestehen. Innerhalb des Werkverbunds übernahm der Wiener Standort nun die Komponentenfertigung für die Gesamtgruppe und den Spezialfahrzeugbau, und damit auch den der Schwerlastzugmaschinen wie etwa jener Einheit für die Ariane-5-Rakete. Fahrerhäuser, Achsen und Motoren stammten aus dem Baukasten der Konzernmutter, wobei nicht in jedem Fall die Motoren verwendet wurden, welche der deutsche Basis-Lkw nutzte. Standard bei den größten ÖAF-SLT sind Gesamtzuggewichte von 250 Tonnen.

MAN 42.361 Vierachs-Fahrgestell bei der RAI 1988. (Foto: © Anefo)

Schwerlastzugmaschinen ab Werk

Die Palette an Schwerlastzugmaschinen bei MAN beginnt bei den dreiachsigen Zugmaschinen in den Baureihen TGS und TGX mit 70 oder 90 Tonnen Gesamtzuggewicht. Angetrieben wird die letzte Hinterachse in der auf Wirtschaftlichkeit ausgelegten Hypoidausführung. Die Vorlaufachse ist für die Optimierung der Wendigkeit gelenkt und bei Leerfahrten zur Erhöhung der Wirtschaftlichkeit liftbar. Darüber angesiedelt sind die 6x4-Ausführungen mit Gesamtgewichten von bis zu 180 Tonnen. Solche Züge werden auf Langstrecken eingesetzt, daher fassen die Dieseltanks beiderseits des Rahmens bis zu 1080 Liter Kraftstoff. Wahlweise sind TGS und TGX auch in zwei 6x6-Konfigurationen zu haben, wobei – das System heißt MAN HydroDrive – es auch eine Ausführung gibt, bei der die Vorderachse bei Bedarf hydrostatisch zugeschaltet werden kann. Das Zuggesamtgewicht liegt in dem Fall bei 120 Tonnen. In Märkten außerhalb Europas bietet MAN die TGS 6x6-Allradsattelzugmaschine mit Wandlerschaltkupplung für bis zu 250 Tonnen Gesamtgewicht an. Musterbeispiel für eine vierachsige Zugmaschine ist der MAN TGX 41.640 8x4/4. Der D38-Motor, auf 580 PS und ein Drehmoment von 3000 Nm ausgelegt, schafft per Wandlerschaltkupplung ein Anfahrdrehmoment von 4740 Nm, was selbst 210 Tonnen schwere Fuhren sanft und ruckfrei in Bewegung setzt. Der Schwerlastturm nimmt hier, neben den für solche Fahrzeuge üblichen Behältern für Zentralhydraulik (für die Versorgung von Nachlenker oder Schwanenhals des Tiefladers) Druckluft, Kühlmittelausgleichbehältern,

Schenker-TGA 41.660 und ein F 2000 Evo transportierten die 11-Mio-Yacht »Catwalk« 2006 zur Boot Düsseldorf. (Foto: © Hersteller)

MAN F2000 41.604 mit Goldhofer-Semitrailer, 2001. (Foto: © Hersteller)

Wie bereits verschiedentlich erwähnt, hatte die DDR keine eigenen Schwerlastzugmaschinen. Die mussten gegen harte Devisen zugekauft werden – wie dieser MAN 40.525, einer von drei Ex-Deutrans-MAN, die zwischen 1983 und 1985 an den VEB Kraftverkehr Leipzig überstellt wurden. Auch die Anhänger und Auflieger stammten aus dem Westen, sie kamen von Goldhofer und Scheuerle. (Foto: © Ralf Weinreich)

MAN TGX 41.640 8x4 mit Schwerlastturm und den Tanks für Diesel (960 Liter) und Hydrauliköl (270 Liter), Zusatzlüfter, Wärmetauscher und dergleichen mehr. (Foto: © Hersteller)

MAN TGX 41.680 der Firma H.N. Krane mit Sitz in Groß Schwaß bei Rostock. Inzwischen sind die Rostocker auf Actros SLT umgestiegen, an Aufliegern finden sich unter anderem Trailer von Doll und Noteboom. (Foto © Ralf Weinreich)

Der MAN TGX 41.640 8x6/4 BBS, an Baumann übergeben 2019, war für ein Zuggewicht von 1.002 Tonnen freigegeben (Foto: © Hersteller)

Zusatzlüftern und dergleichen mehr auch die fast 1000 Liter fassenden Kraftstofftanks auf.

Branchengerechte Ausstattungen

Zur Ausstattung einer Schwerlastsattelzugmaschine gehören die Verschiebeeinrichtung der Sattelkupplung, die Abstützplatte am Rahmenheck für den Schwanenhals des Aufliegers, die Hydraulikanlage zur Versorgung der Aufliegerhydraulik, die Registerkupplung vorne für den Schubbetrieb im Zug-Verbund, die Ausstattung mit Schwertransportanhängekupplung in Ergänzung zur Standardkupplung am Heck: Kunde, Werk und der jeweilige Umbaupartner zusammenschneidern dann SLTs nach Maß.

MAN-Spezialist Toni Maurer

Zu den wichtigsten MAN-Partnern gehört die Firma Toni Maurer im bayerischen Türkheim. Dieser mittelständische MAN-Spezialist war in den Umbau einiger ganz besonderer MAN-SLT involviert – etwa des MAN TGX 41.640 8x6/4 BBS für den Schwerlastspezialisten Viktor Baumann. Der Vierachser mit XXL-Kabine und D38-Motor in der obersten Leistungsstufe erhielt bei Maurer einen um 250 Millimeter verlängerten und vorne um 190 Millimeter nach oben gekröpften Rahmen. Das war notwendig, weil eine angetriebene Vorderachse mit spezieller hydraulischer Federung samt Niveauregulierung untergebracht werden musste. Unabdingbar war auch der Einbau einer 1000-Tonnen-Schwerlast-Anhängerkupplung von Rockinger, dazu kam eine vordere Schwerlastplatte zur Aufnahme einer weiteren Maulkupplung.

Im Endergebnis wurde so ein besonders imposanter Schwerlastbolide montiert, der für 500 Tonnen Gesamtzuggewicht bei einer ziehenden Einheit sowie 750 Tonnen bei zwei ziehenden Einheiten (oder einem schiebenden und einem ziehenden Fahrzeug) freigegeben ist. Bei zwei ziehenden und einer schiebenden Einheit sind sogar 1000 Tonnen zu bewältigen.

Die Firma Maurer macht alle MAN-Dreiachs-Sattelzugmaschinen schwerlasttauglich und baut diese auch auf zwei angetriebene Achsen um. Sofern ab Werk keine Blatt-Luft-Federung (Vorderachse Blattfederung, Hinterachsen Luftfederung) verfügbar ist (was bei kurzem Radstand der Fall ist), kann Maurer mit einer Vorlaufachse eine kurze 8×4/4 Sattelzugmaschine realisieren. Auch andere Kombinationen sind in Einzelanfertigung denkbar. Für die Schwerlastspedition Victor Baumann wurde zum Beispiel eine ab Werk lieferbare 8×4/4 Schwerlastzugmaschine mit nichtangetriebener Vorderachse durch eine angetriebene, hydraulisch gefederte Antriebsachse ersetzt. Das führte zu einem MAN TGX 8×6/4. Optional sind auch Lösungen als 8×8 und, mit zweiter Vorderachse, sogar als 10×4/6 und 53 Tonnen GG. möglich.

Schwerlastzugmaschinen der anderen Art

Zu den bekanntesten MAN-Schwerlastzugmaschinen zählen die in Zusammenarbeit mit Rheinmetall gefertigten »Mammut«. Diese 27 Tonnen schweren und 9,50 Meter langen vierachsigen Ungetüme sind für Zuglasten bis 130 Tonnen freigegeben.

Solche Schwerlastzugmaschinen sind sozusagen Nebenprodukt der deutsch-amerikanischen Kampfpanzer-Entwicklung. Der geplante Panzer – KPz 70 – hätte mindestens 50 Tonnen wiegen sollen, dafür brauchte es einen entsprechenden Schwerlasttransporter mit Auflieger. Und auch wenn das Gemeinschaftsprojekt doch nicht umgesetzt wurde, bekam die Bundeswehr mit dem Leopard 1 einen neuen Panzer und mit dem »Elefant« einen neuen Panzertransporter. Den Zuschlag für dessen Entwicklung erhielt die Firma Faun, der SLT 50-2 mit Kässbohrer Auflieger 52 Tonnen ging in 300 Einheiten an die Bundeswehr.

Doch der Leopard-2-Kampfpanzer geriet deutlich schwerer als der Leopard 1, daher war auch ein leistungsstärkerer Panzertransporter erforderlich. Dieser Auftrag ging an MAN, heute Rheinmetall MAN Military Vehicle GmbH (RMMV) in München.

Die österreichische Firma EMPL ist Spezialist für schwere Bergefahrzeuge und Abschleppwagen. Rund 50 bis 80 Bison-Bergefahrzeuge werden pro Jahr verkauft. Foto (© Hersteller)

Der MAN-Mammut

Bei der von MAN und Rheinmetall auf die Räder gestellten Zugmaschine mit der eher sperrigen Bezeichnung »SLT-2 FSA EK« sorgt der 680 PS starke D28-Diesel für Vortrieb. Die 8x8-V8-Zugmaschine mit 16,1 Liter Hubraum und automatisiertem 12-Gang-Getriebe ist verblüffend geländegängig. Die Kabine – wahlweise mit einer Waffenstation zu bestücken – ist gepanzert, um Panzer auch auf dem Gefechtsfeld bergen zu können. Wenn der Havarist fahrunfähig ist, kann er mit zwei 20-t-Winden von Rotzler auf den Auflieger (den liefert Doll, beim Elefant kommt er von Kässbohrer) gezogen werden, und falls der 2,55 m breite Vierachser selbst steckenzubleiben droht, gibt es an der Front eine weitere Winde zur Selbstbergung mit 8 Tonnen Maximallast.

Als Auflieger kommen, neben dem 52-t-Auflieger des Elefant, ein telekopierbarer 30-t-Auflieger (drei Achsen, mitlenkend, Zwillingsbereifung) sowie 70-t-Sattelauflieger (sieben Achslinien) zum Einsatz. Bei diesen sind die ersten beiden und die letzten vier Achslinien lenkbar, außerdem sind die ersten beiden liftbar. Die Auflieger stammen von Doll; die Auslieferung der ersten Einheiten begann 2013.

2018 legte die Bundeswehr nach und bestellte weitere 137 Einheiten der »SaZgM 70t mil«. Basis dafür bildete die weiterentwickelte Mammut-SLT, bei Rheinmetall als Typ HX81 bezeichnet. Das technisch zulässige Zuggesamtgewicht der 8x8-Zugmaschine liegt bei 130 Tonnen.

Offiziell lautet die Bezeichnung dieser Panzerzugmaschine von 2011 »MAN HX 81 RMMV 8x8«. (Foto: © Hersteller)

Vom HX 81 sind weltweit über 20.000 Exemplare im Einsatz. Die HX-Familie gibt es in den Varianten 4x4 bis 10x10. (Foto: © Hersteller)

Die Kabine dieses Panzertransporters »SaZgM-70t-mil« ist in zwei Ausführungen lieferbar. Ist diese ungepanzert, handelt es sich um einen leichteren »Elefanten« (Bild), ist sie geschützt, dann lautet die Bezeichnung »Mammut«. In beiden Fällen verfügen die SLT aus der HX-Familie über Allradantrieb und den 680 PS starken MAN-Achtzylinder-Dieselmotor. Das technisch zulässige Zuggesamtgewicht liegt bei 130 Tonnen, zur Fahrzeugausstattung gehört eine Doppelwinde von Rotzler mit jeweils 20 Tonnen Zugkraft. Doll liefert die Auflieger. (Foto: © Hersteller)

SCHWERLAST-ZUGMASCHINEN

MAZ (BY)

Diese Marke steht stellvertretend für so ziemlich jeden anderen Lkw-Hersteller auf dem Gebiet der ehemaligen Sowjetunion. Denn Schwerlasttransporte waren dort Sache von ehemaligem Militärgerät und Panzerschleppern. Auch die Entstehungsgeschichte der Werke glichen sich in den meisten Fällen: Sie wurden auf staatliche Anordnung gegründet, wirtschaftliche Erwägungen spielten keine Rolle, und der Hauptzweck war die Motorisierung der Armee.

Lkw aus Belarus

Im August 1944 befahl der Staat den Aufbau einer Lastwagenfabrik im weißrussischen Minsk an. Die Vorlage lieferte der Standard-Dreiachser der US-Army. Auf dieser Basis entstand nach 1950 ein breites Bauprogramm, wobei der Staat die zu bauenden Muster und auch die Fabriken, in denen diese gebaut werden sollten, vorgab. Größter MAZ-Lkw der frühen Fünfziger war ein 25-t-Muldenkipper, den eigentlich eine andere Fabrik entworfen hatte.

Die Weißrussen selbst fertigten im November 1958 die ersten Prototypen der 500er-Frontlenker-Reihe, die aber erst 1965 ausgeliefert werden konnte und erst 1978 durch die nächste Generation abgelöst wurde. Dem Untergang des Sowjetimperiums und dem damit verbundenen Wegfall der bisherigen Absatzmärkte versuchten die Minsker mit neuen Zwei-, Drei- und Vierachsern zu begegnen. Im Dezember 1997 kam es zu einem Joint-Venture mit MAN, im Jahr darauf erschien der erste MAZ-MAN. Die Weißrussen konzentrieren sich nach wie vor auf die schweren Lkw-Klassen und verwenden Motoren von Yamz, Deutz und Mercedes.

MAZ-537

1954 erhielten die Minsker den Auftrag, einen neuen Panzertransporter zu entwickeln. Dies führte 1956 zum MAZ-535, einer schweren 8x8-Zugmaschine mit Reifendruckregelanlage, Servolenkung, Wandlerkupplung und Dreigang-Planetengetriebe. Die gigantische Zugmaschine transportierte Panzer ebenso wie Raketen. Bei einer Nutzlast von 7 Tonnen lag das zulässige Gesamtgewicht bei 26 Tonnen, für Vortrieb sorgte ein 12-Zylinder-Saugdiesel mit 38,9 Litern Hubraum und einer Leistung von 375 PS. Für manche Waffensysteme war das aber nicht genug, was 1959 zum MAZ-537 führte. Der Zwölfzylinder leistete hier 525 PS; wie beim Vorgänger saß der ehemalige Panzermotor hinter der Kabine. Dieses Muster wurde dann in verschiedenen Ausführungen bis 1990 gebaut. Eines aber änderte sich nicht: Die beeindruckenden Abmessungen – neun Meter lang und mit 2,88 Metern so hoch wie breit –, die Bodenfreiheit von einem halben Meter und der Wendekreis von 33 Metern.

Flugabwehr-Raketen S-300 auf MAZ-7910.
(Foto: © Parade @ Kiev, CC-BY-SA-3.0)

Der MAZ-537 war 1958 serienreif und entstand nur bis 1960 im Minsker Werk. Anschließend musste die Fertigung an das KZKT-Werk abgegeben werden, wo der Typ – Gesamtzuggewicht in der Variante mit Ballast 537 G bis 86 Tonnen – noch bis etwa 1990 gebaut wurde. (Foto: © Ralf Weinreich)

Mit dem LP 333 nutzten die Daimler-Konstrukteure geschickt eine Gesetzeslücke aus. (Foto: © Hersteller)

Bei der Sattelzugmaschine LPS war die zweite Achse bis kurz vor die Antriebsachse geschoben worden. (Foto: © Hersteller)

Dieser L 329 mit Wackenhut-Doka lief als Schlepper. (Foto: © Hersteller)

Turboaufladung, Wandlerschaltkupplung und ein 500 PS starker V10 waren Kennzeichen der Schwerlastzugmaschine 3850 AS 6x6, der ersten, die das Werk offiziell auf Basis des NG 80 anbot. Damit waren Gesamtzuggewichte von bis zu 220 Tonnen möglich. (Foto: © Hersteller)

MERCEDES-BENZ (D)

Schwerlast-Zugmaschinen hat Daimler-Benz erst in den Siebzigern gebaut, doch bereits zuvor hatte der Hersteller eine ganze Reihe interessanter schwerer Typen hervorgebracht. Der auffallendste Schwerlastwagen der späten 1950er Jahre war der Frontlenker-LP 333, der »Tausendfüßler«. Dieser dreiachsige 16-Tonner mit zwei gelenkten Vorderachsen nutzte geschickt eine Gesetzeslücke im ab 1958 geltenden Regelwerk, welches das zulässige Gesamtgewicht auf 24 statt wie bisher auf 40 Tonnen, und die Länge auf 14 statt 20 Meter Länge beschränkte. Und der Anhänger durfte nicht schwerer sein als der Motorwagen. Der Kniff beim Gaggenauer Lkw bestand in der cleveren Ausnutzung der neuen Bestimmungen zur Achslast, und so schafften es die Konstrukteure, den Dreiachser mit den zwei lenkbaren Vorderachsen auf ein Gesamtgewicht von 32 Tonnen bei rund 20 Tonnen Nutzlast zu bringen. Doch als Schwerlastzugmaschine wurde der LPS 333 ebenso wenig eingesetzt wie die Nachfolgebaureihe. Andererseits gelten der »Tausendfüßler« und dessen Nachfolger mit der kubischen Kabine (Premiere 1963) gemeinhin als die ersten modernen Sattelschlepper der Neuzeit.

Neue Maßstäbe mit NG und SK

Abgelöst wurde die zweite Nachkriegs-Lkw-Generation von den Lastwagen der »Neuen Generation« (NG). Diese Baureihen debütierten 1973 zuerst als Baustellenkipper – 15 Kipper von 15 bis 26 Tonnen – , um endlich auf dem Bausektor Magirus mit den »Bau-Bullen« Konkurrenz machen zu können. Für Vortrieb sorgten V6-, V8- und V10-Baukastenmotoren mit 192 bis 320 PS Motorleistung. Die neue Sattelzugmaschine 2032 mit zwei gelenkten Achsen erschien 1976, drei Jahre später folgte eine tiefgreifende Revision der gesamten Baureihe und stärkere Motoren. Die revidierten Sattelschlepper der NG 80-Reihe, die dann »SK«, »Schwere Klasse« hießen, erhielten verstärkte Rahmen in Doppel-U-Konstruktion. Erst mit dieser Generation gab es ausgesprochene Schwerlast-Zugmaschinen, etwa den 2632 6x4 mit Ganzstahl-Pritsche von Rotzler und 20-t-Winde mit Gesamtzuggewicht von 100 Tonnen. Diese Spezialfahrzeuge wurden ab 1981 in den vormaligen Saurer-Fahrzeugwerken NAW gefertigt (die zu Daimler-Benz gehörten). Höhere Zuglasten realisierte dann Titan auf Basis dieser Schwerlastzugmaschinen.

Die ersten SLT: 3850 AS, 4050 AS, 4850 AS

Die erste ab Werk angebotene Schwerlastzugmaschine war der Typ 3850 AS (6x4). Die seit Oktober 1984 in Deutschland zulässigen Vierachser mit 33 Tonnen Gesamtgewicht entstanden bei Saurer NAW. Deren Produktion wurde aber alsbald wieder nach Wörth verlegt,

SCHWERLAST-ZUGMASCHINEN

NAW hatte mit den Schwerlast-Zugmaschinen genug zu tun. Typisch für diese 38-Tonnen-Zugmaschinen waren das Großraum-Fahrerhaus, der 500-PS-Diesel (daher die »50« in der Typenbezeichnung), Wandlerkupplung und Ballastpritsche. Mit einer vierten Achse versehen, wurde daraus die Zugmaschinen 4050 AS 8×8/4 und 4850 AS 8×8/4. Der Bau der Schwerlastzugmaschinen in der Schweiz endete 2001; Daimler hatte für den Spezialfahrzeugbau im Elsass ein eigenes Werk errichtet.

Von der Schweren Klasse zum Actros

Die grundlegend überarbeitete SK-Nachfolgegeneration hieß »Actros« und wurde ab 1996 gebaut. Mehr noch als zuvor entstand diese Baureihe im Baukastensystem. Das galt für das Megaspace-Fahrerhaus mit ebenem Fußboden ebenso wie für den Rahmen, das Fahrwerk und den Antriebstrang. Auf Basis des 2011 vorgestellten Actros entstand dann eine werkseigene Schwerlastvariante. Auch von den vorherigen Actros-Generationen hatte es Schwerlast-Zugmaschinen – in der Regel von Titan umgebaut – gegeben, neu aber war jetzt, dass der Hersteller diese Spezialfahrzeuge ab Werk offensiv bewarb.

Mercedes-Benz Actros SLT

Seit Januar 2014 führt die Daimler AG diese Schwerlastzugmaschinen auf Basis Mercedes-Benz Actros und Arocs im Programm. Die beiden Lkw-Typen, in der Bezeichnung kenntlich durch das Kürzel »SLT« können bis zu 250 Tonnen Gewicht bewegen und kommen beispielsweise beim Transport von Windkrafträdern zum Einsatz. Die wichtigsten technischen Unterschiede zu den normalen Zugmaschinen bestehen im stärkeren Rahmen, der (optionalen) dritten Hinterachse, dem modifizierten Kühlkreislauf, einer speziellen Kupplung zur Anfahrunterstützung und einem leistungsstärkeren Bremssystem. Der eher für den Straßenzug bestimmte Actros SLT verfügt über eine Luftfederung, der Arocs SLT über eine Parabelfederung. Gleichstand herrscht bei der Motorisierung, bei beiden sorgen Reihensechszylinder mit 15,6 Litern Hubraum und 460 kW / 625 PS für Vortrieb. Das maximale Drehmoment beträgt 3000 Newtonmeter, auf die Achsen gebracht vermittels eines 16-gängigen Powershift-Getriebes und Turbo-Retarder-Kupplung für sanftmöglichste Anfahrvorgänge. Die Bremsleistung von Retarder und Motorbremse liegt zusammen bei 720 kW / 979 PS, plus Betriebsbremse.

CTT: Ein eigenes Werk für SLT

Die Produktion solcher Schwerlast-Zugmaschinen erfolgt im elsässischen Werk in Molsheim, dem Sitz von »Custom Tailored Trucks«, kurz CTT. Ebenso werden dort aber auch individuelle Kundenwünsche umgesetzt, die in einer Serienfertigung am Band nicht zu realisieren

Bis 2013 wurden die Mercedes-SLT (hier ein Actros 4160, 2002–2009) bei Titan gefertigt. Danach baute Titan nur noch Euro-II- und Euro-V-Actros für Märkte außerhalb Europas. (Foto: © Hersteller)

Schöne Bescherung: Im Dezember 2020, kurz vor Weihnachten, wurde der 500ste Mercedes-Benz SLT, ein Actros 4163 LS, an seinen neuen Besitzer übergeben, in dem Fall die Firma TSB Transport-Service Beitinger im schwäbischen Gundelfingen. (Foto: © Hersteller)

Die Schwerlastzugmaschine SLT in Euro-VI-Konfiguration wurde auf der IAA 2013 vorgestellt. Zu haben als Actros mit Luftfederung und als Arocs-SLT mit Stahlfederung und optionalem Allradantrieb, erfolgte Entwicklung und Produktion nun bei Custom Tailored Trucks (CTT) im elsässischen Molsheim. (Foto: © Hersteller)

Der Baumann-Arocs, entstanden in Zusammenarbeit von Baumann, CTT und Paul Nutzfahrzeuge, darf 1000 Tonnen ziehen. (Foto: © Hersteller)

Mercedes-Benz Arocs 4663 AK 8x8/4: Geballte Kraft auf knapp elf Metern Länge bei einem Radstand von 5.750 Millimetern. Das Fahrzeug hat ein zulässiges Gesamtgewicht von 46 Tonnen und ein Zuggesamtgewicht von 250 Tonnen. (Foto: © Hersteller)

Speziell für trockene, heiße und sandige Gegenden konfiguriert: Zetros 4042 AS 6x6 Sattel, Zuggewicht bis 120 Tonnen. Die Motorleistung liegt bei 310 kW (421 PS/2.100 Nm), beim Getriebe handelt es sich um ein Mercedes-Benz G260-16/11,7-0,69 mit Zweischeibenkupplung. (Foto: © Hersteller)

sind, etwa Doppelkabinen für die Feuerwehr, Vierachser mit Triple-Hinterachsaggregat oder fünf- und sechsachsige Solofahrzeuge für schwere Betonpumpen. Auf Basis der Serien-Lkw aus dem Werk Wörth entstehen in Molsheim auch Vierachser mit bis zu 7,2 m langem Radstand für Ölfelder in China, Schaf-Transporter für Neuseeland mit besonderer Bereifung, Econic als Sattelzugmaschinen für den Einsatz unter Tage und viele andere individuelle Fahrzeuglösungen, die mitunter auch Aufnahme in das Serienprogramm finden. Anfang Oktober 2023 wurde in Molsheim der 300.000ste Lkw umgerüstet. Das Jubiläumsfahrzeug war ein Actros 8x4/4 Full-SLT. Nachdem der Actros in Wörth vom Band gelaufen war, wurde der ursprüngliche 3-Achser in Molsheim und bei Titan in Sulzbach zum 4-Achser Full-SLT mit zwei angetriebenen Achsen umgerüstet. Dazu wurde eine 8-Tonnen-Vorlaufachse eingebaut und ein Rahmen hinter dem Fahrerhaus montiert. Der Turm bietet Platz für einen 900-Liter-Tank, Luftdruckbehälter und eine Heckkühlanlage. Nachgerüstet wurde eine verschiebbare Sattelkupplung für die effiziente Achslastverteilung.

Mercedes-Benz Arocs SLT

Weiteres Beispiel für eine bei CTT nach Kundenwunsch aufgebaute Schwerlast-Zugmaschine ist der Arocs SLT 4463 AS 8x6, entstanden für die Schwertransportfirma Viktor Baumann GmbH. Ausgangsbasis war der Dreiachser, der eine Vorlaufachse mit Anfahrhilfe durch Entlastungssteuerung erhielt. Außerdem wurden Sattelkupplung, Schwerlastverschiebeeinrichtung und die Schwerlastanhängevorrichtungen vorne, inklusive der Schwerlastkupplung Rockinger Typ 56e, und hinten, mit bei Bedarf montierbarer 1000-Tonnen-Anhängerkupplung Rockinger Typ RO58, nachgerüstet. Dazu kamen das SLT-Gestell hinter dem Fahrerhaus mit Zusatzkühlanlage, dem 900-Liter-Kraftstofftank und die Hydraulikanlage für die Aufliegerlenkung.

Umbaupartner beim Baumann-SLT war die Firma Paul Nutzfahrzeuge, die das Arocs-Fahrerhaus mit 2,3 Metern Breite durch ein breiteres Fahrerhaus mit 2,5 Metern Breite ersetzte. Das neue Fahrerhaus hat einen kleinen Motortunnel von ca. 100 mm und Tieferlegung vorn, um unter der Gesamthöhe von vier Metern zu bleiben. Durch den Fahrerhaustausch musste das gesamte Interieur modifiziert werden. Außerdem baute Paul einen zusätzlichen Turm mit Staukisten hinter dem Fahrerhaus ein und montierte die Ballastpritsche. Die maximale Anhängelast beträgt 1.000 Tonnen. Der 8x6-Arocs kann natürlich im Verbund mit mehreren gekoppelten Lkw fahren, was Zuggesamtgewichte von über 1.000 Tonnen erlaubt. Das kann zum Beispiel beim Transport von Transformatoren, Wärmetauschern und Dergleichen notwendig werden.

Mercedes-Benz Arocs 4-Achser JZAI 8x6/4: Umbau 2023 durch CTT von 6x6 Sattelzugmaschine auf 8x6/4 Full-SLT durch Einbau der vierten Achse und aller notwendigen Ausstattung für den Einsatz im Schwerlastverkehr bis 500 Tonnen (Foto: © Hersteller)

SCHWERLAST-ZUGMASCHINEN

MOL (B)

Nachdem im September 1944 die Wehrmacht Belgien vor den heranrückenden Alliierten geräumt hatte, versuchte Gerard Mol, zurückgelassenes Gerät für zivile Zwecke umzurüsten. Gut zu tun hatte er allerdings erst, nachdem die Deutschen besiegt waren und die Amerikaner Zehntausende intakter Lastwagen in Europa zurückließen und zu Schleuderpreisen abgaben. Mol hatte ein Händchen dafür, vor allem die schweren Fahrzeuge zu verbessern. Sein Geschäft nahm immer größere Dimensionen an, er gründete 1952 eine Firma und rüstete bald jährlich 200 Lkw um,überwiegend Chevrolet, aber auch schwere Diamond T-Zugmaschinen. Der wichtigste Punkt dieser Umbauten bestand im Austausch der durstigen Benzinmotoren gegen Dieselmotoren von Deutz, Cummins und GM, was neue Getriebe – die kamen von Spicer, Fuller, Timken und ZF – und entsprechende Achsen erforderte. In der zweiten Hälfte der Fünziger entwickelte sich Mol zu Belgiens unbestrittener Nummer 1 in Sachen Anhängerbau und Spezialfahrzeuge.

Wie nahezu jeder Spezialfahrzeughersteller begann man Anfang der Siebziger mit dem Bau von Ölfeld-Lkw. 1971 entstand der erste dieser Giganten, ein 6x6-Truck mit 170 PS starkem Deutz-Diesel und ZF-Sechsganggetriebe. Dazu kamen Schwerlasttrailer jenseits der 40-Tonnen-Grenze mit abnehmbarem Schwanenhals und hydraulisch angetriebenen Rampen. 1979 kaufte MOL die Rechte an den Willème TG-Zugmaschinen, so konnten die Belgier 8x8-Zugmaschinen für Zuggesamtgewichte zwischen 300 und 500 Tonnen anbieten. Darüber hinaus entwickelte Mol diverse Maschinen für den Hafenumschlag wie den FM250 mit Mercedes-Diesel, ZF-Getriebe und Kessler-Achsen.

Desert Lion TB 800

Der vielleicht bekannteste Mol-Lkw war aber ursprünglich die Entwicklung der kurzlebigen Firma KFM (Kaiserslauterner Fahrzeug- und Maschinenbau AG), gezeigt auf der IAA 1983 als TB600 »Desert Lion«. Geplant war eine ganze Palette an Ölfeld- und Schwerlastfahrzeugen für den Export. Für Vortrieb sorgte ein luftgekühlter MWM-V12-Turbodiesel mit 660 PS, das Sechsgang-Lastschaltgetriebe stammte von Renk, die Außenplanetenachsen von Kessler. Mit 60 Tonnen Gesamtgewicht und 34 Tonnen Sattellast war er auf ein Zuggewicht von 250 bis 315 t ausgelegt. Allerdings fehlten der KFM die Mittel, um den Wüstenlöwen in die Freiheit zu entlassen. Die Firma ging Pleite, das Fahrzeugkonzept wurde von Mol und der Firma BREC (Belgian Railway Equipment) übernommen. Die Belgier brachten das Konzept zur Serienreife und begannen 1989 mit der Auslieferung des »Mol-BREC TB 800 6×6«, inzwischen mit einem 816 PS starken MWM-Diesel.

MOL gehört, neben Terberg, zu den weltweit wichtigsten Anbietern von Zugmaschinen für den Hafenumschlag. (Foto: Thames New Zealand, © CC-BY-2.0)

Diesen HF5566 lieferte MOL als Ballastschlepper für Zuggesamtgewichte von 400 Tonnen 2018 nach Hong Kong. (Foto: © Hersteller)

MOL BK2466 Knicklenker-Fahrgestell, 1982. Das aufgesetzte Webasto-Klimagerät verrät: Er war für den Export bestimmt. (Foto: © Hersteller)

Auf der Messe 2013 in Hannover stellte MOL mit dem HF 8066 den bislang schwersten 6x6-Lkw vor. Bei 40 Tonnen Eigengewicht durfte der Ölfeld-Gigant weitere 40 Tonnen zuladen. (Foto: © Hersteller)

Der von MOL gebaute TB 6x6 war eine Entwicklung der deutschen Firma KFM, die rund um den Desert Lion eine Fahrzeugfamilie für Erdölgesellschaften und Minienbetreiber bauen wollte. Da die Mittel fehlten, übernahmen die Belgier und entwickelten ihn zum TB 800 weiter. (Foto: © Hersteller)

NICOLAS (F)

Der Werdegang des französischen Traditionsherstellers von Schwerlastfahrzeugen begann 1855, doch erst nach dem Zweiten Weltkrieg spezialisierte sich das Unternehmen auf die Serienproduktion von Trailern, Tiefladern und hydraulisch abgestützten Fahrzeugmodulen. In den Sechzigern lief die Serienfertigung modularer Straßenfahrzeuge für Schwerlasteinsätze an. Ein weiteres Spezialgebiet sind mittlerweile Transportlösungen für Windkraftanlagen, dank derer sich bis zu 150 Meter lange Rotorblätter ans Ziel bringen und aufstellen lassen.
Nicolas gehört seit 1995, zusammen mit dem deutschen Schwerlast-Spezialisten Scheuerle und der 2004 eingegliederten Ulmer Firma Kamag, zur TII-Group (Transporter Industry International GmbH). Zu den bekanntesten Entwicklungen von Nicolas gehören die Tractomas-Schwerlastfahrzeuge.

Tractomas TR: Frankreichs größte Zugmaschine

Der Tractomas TR 8x8 D75 wird in Champs sur Yonne nahe der Stadt Auxerre gefertigt. Hier fertigt das zur TII-Gruppe (Transporter Industry International) gehörende Spezialfahrzeug-Unternehmen Nicolas Industries die wohl größten Schwerlast-Zugmaschinen für den Straßeneinsatz. Die Monster-Maschinen heißen »Tractomas« und sind in den Versionen 6x6, 8x9 und 10x10 lieferbar. Der Tractomas TR 8x8 D75, der 2014 das Werk im Burgund verließ, ist eine von ihnen. Und ein wahrer Gigant. Bereits die nackten Eckdaten sind beeindruckend, auch wenn man einen tatsächlich gesehen haben muss, um zu begreifen, wie groß der Koloss wirklich ist: 10,87 Meter lang, 4,52 Meter hoch und 3,48 Meter breit. Dazu kommt ein Leergewicht, solo und ohne Ballast, von rund 36 bis 40 Tonnen. Um die Fuhre in Bewegung zu setzen, kommt ein Zwölfzylinder-Diesel von Caterpillar mit 27 Litern Hubraum und 1000 PS zum Einsatz. Das Antriebsaggregat ist an ein Sechs-Gang-Allison-Automatikgetriebe angeflanscht, zwei Übersetzungen (1:0,91 und 1:1,407) erlaubt das verbaute ZF-Zwei-Gang-Verteilergetriebe. Voll beladen schafft der Tractomas rund 40 bis 50 km/h, die Höchstgeschwindigkeit liegt bei 65 Stundenkilometern.

Für Bergbau und Minen

Zum Einsatz kommt der Koloss, von dem in Burgund etwa 20 Einheiten pro Jahr gefertigt werden, im Minenbetrieb, als Mining Road Train. Im Einsatz sind die gigantischen Maschinen vor allem in Australien, China und Südafrika. Für den Einsatz auf europäischen Straßen sind die Schwerlaster, die vier Fünfachs-Anhänger und gut 350 Tonnen in den Schlepp nehmen können, zu breit, hier ist bei einer Breite von 2,5 Metern Schluss.

Der Tractomas TR 8x8 D75 ist 10,87 Meter lang, 4,52 Meter hoch und hat ein Leergewicht von 36 bis 40 Tonnen. (Foto: © Hersteller)

Tractomas nutzt Renault-Kabinen. (Foto: © Hersteller)

Toll Mining Services testet hier den Nicolas Tractomas im Eisenerzbergbau. Die Motorleistung liegt bei 1000 PS. (Foto: © Hersteller)

Tractomas TR 10 x 10 mit ebenfalls 1000 PS Leistung und einem Gesamtgewicht von 535 Tonnen. (Foto: © Goodyear)

Dank seines PowerBoosters Dolly zieht der Tractomas auf ebenem Gelände 350 Tonnen Nutzlast. Im Bild zu sehen mit vier Anhängern. (Foto: © Hersteller)

1979 haben die Franzosen ihre erste Schwerlastzugmaschine in 8x4-Konfiguration vorgestellt. Inzwischen sind alle Kombinationen von 6x6 bis 10x10 möglich mit Gesamtzuggewichten bis 1000 Tonnen. (Foto: © Hersteller)

Prospekt für den Oshkosh W-2800 Ende der 1950er. Das Unternehmen versuchte seine Army-Lkw auch in der Bauwirtschaft zu vermarkten. (Foto: © Hersteller)

Dieser Oshkosh-Truck von 1968 wurde von Australien importiert. Er gilt als der zweite eingeführte Oshkosh-Truck in Down Under. (Foto: © Bahnfrend, CC-BY-SA-4.0)

Oshkosh HET M1070A1 mit M1000 Auflieger beim Transport eines Abrams. Der Panzertransporter ist auch bei der rumänischen und bei der ägyptischen Armee im Einsatz. Die Zugmaschine wiegt knapp 21 Tonnen, das Gesamtzuggewicht liegt bei 107 Tonnen. (Foto: © Hersteller)

SCHWERLAST-ZUGMASCHINEN

Oshkosh gehört zu den Pionieren in Sachen autonomes Fahren. Das Terramax-System, hier zu sehen am MTVR 6×6 von 2004, funktioniert mit beeindruckender Präzision. (Foto: © Hersteller)

OSKOSH (USA)

Im Jahr 1917 stellte die neu gegründete Firma »Wisconsin Duplex Auto Company« ihr erstes Fahrzeug vor, einen allradgetriebenen Truck namens »Old Betsy«, der sofort den Nerv der Kundschaft traf und noch heute fahrfähig bei Oshkosh steht. Seinen Erfolg verdankte er der Tatsache, dass er robust genug war und die miserablen, schlaglochübersäten Wege verkraftete. Der Erfolg forderte bald den Umzug in ein größeres Werk in der Stadt Oshkosh.

1920 stellte die Motor Truck Manufacturing Company mit dem 2-Tonner Modell A einen ersten in größerer Serie gebauten Lkw her, dem in den Zwanzigern weitere in höheren Gewichtsklassen folgten, darunter die H-Reihe von 1925 mit Doppelplanetenachsen und die F-Serie mit Bremshydraulik von 1932.

Der Army-Spezialist

Während des Zweiten Weltkrieges produzierte Oshkosh Allrad-Trucks für die US-Army, was sich als zukunftweisendes Geschäftsmodell erweisen sollte. Als Lieferant schwerer Lkw, Bergefahrzeuge und dergleichen mehr erlangte Oskosh quasi eine Monopolstellung.

Den Auftakt einer langen Zusammenarbeit mit dem US-Militär bildete der Schwerlasttransporter M911 von 1976 mit 12-Liter-V8-Zweitaktdiesel von Detroit Diesel mit zunächst 435 PS, Fünfgang-Automatik und zwei 20-Winden. Die 18 Tonnen schwere Zugmaschine kam mit dem dazugehörigen Vierachs-Auflieger auf ein Gesamtgewicht von 86 Tonnen. Der kantige Hauber wurde inzwischen durch den HETS M1070 mit Sattelauflieger M1000 ersetzt. Ein weiteres Standbein im Militärgeschäft sind die 1981/82 vorgestellten taktischen 8x8-Knicklenker der M48-Familie, die auf einer Lockheed-Entwicklung basierten. Die hochmobilen taktischen Fahrzeuge können am Gelenk getrennt werden und ein anderes Heckteil mit anderem Aufbau ankoppeln, was die Einsatzmöglichkeiten erhöht. Seit 2006 ist die zweite LVSR-Generation auf dem Markt; die damit eng verwandten HEMTT-Mehrzweck-Trucks bilden mit Pritsche wie auch als Tanker und Bergefahrzeuge das Rückgrat der US-Army.

Viel mehr als Army-Trucks

Was robust genug ist für die Army, passt auch für alle zivilen Zwecke: Oskosh entwickelte 6x6-Trucks für den Einsatz auf Ölfeldern und im Bergbau, präsentierte aber auch, basierend auf den unverwüstlichen Chassiskonstruktionen, Großlöschfahrzeuge für Flughäfen, Fahrmischer sowie Flugzeugschlepper. Mit Beginn der 90er Jahre diversifizierte Oshkosh kontinuierlich sein Programm, so gehört das Unternehmen nach dem Erwerb von Pierce zu den wichtigsten Herstellern von Feuerwehrfahrzeugen.

Das war der erste Pacific EMAD von 1947. Nach Fertigstellung wurde er nach Neufundland verschifft. (Foto © Hersteller/Rabe)

Mit dem FCFS-Muldenkipper versuchte Pacific 1950, den US-Kippern, vor allem Euclid, Konkurrenz zu machen. (Foto © Hersteller/Rabe)

Drei der sechs Pacific P10 im Januar 1973 auf der Laderampe der Fähre Rangatira in Wellington. Die Teile waren, verpackt in 28 Kisten, von Vancouver an die Südspitze Neuseelands verschifft worden. Die Cummins-335-Motoren hatte man von Liverpool aus in Marsch gesetzt und über die US-Ostküste und Kobe (Japan) nach Lyttelton verschifft: Zum ersten Mal montierte Pacific Trucks in Neuseeland. (Foto © Hersteller)

Nach 1956 wanderten die Scheinwerfer bei Pacific hoch an den Kühler und die Kotflügel wurden weniger eckig.
(Foto © Hersteller/Rabe)

PACIFIC (CDN)

Leider sind die Hintergründe, warum drei leitende Mitarbeiter die Firma Hayes verließen und beschlossen, sich 1947 mit einer eigenen Lkw-Fertigung selbständig zu machen, längst im Dunkel der Geschichte verschwunden. Mutmaßlich waren die drei nicht damit einverstanden, dass Hayes 1946 mit der Firma Lawrence fusionierte.
Sicher scheint aber zu sein, dass man Hayes stets freundschaftlich verbunden blieb.
Sicher ist aber auch: Im Mai 1947 verließ ihr erster Lkw, ein Typ EMAD, ihre Werkstatt auf dem Gelände einer Werft am False Creek im kanadischen Vancouver. Der Typ EMAD sah dem Hayes-Truck sehr ähnlich, und bei dieser Vorgeschichte ist es auch kein Wunder, dass der Lkw an eine Papiermühle ging. Diese allerdings befand sich an der 3000 Meilen entfernt liegenden Ostküste in der kanadischen Provinz Neufundland, nicht in der Heimatprovinz British Columbia (B.C.).

Die von den Herren Thick, Barclay und Billingsley (bis 1954 bildeten diese drei ein gutes Viertel der Gesamtbelegschaft) gegründete Pacific Truck and Trailer baute auch Tiefladeanhänger und Forsttrailer, Feuerwehrautos und Fahrgestelle für schwere Bau-Lkw. Die Achsen wurden anfangs von Hayes bezogen und die Motoren zugekauft, zuerst von Hercules, dann von Cummins. Eine eigene Kabinenfertigung hatten sie nicht, bei einer Jahresproduktion von acht bis zehn Lkw lohnte sich das nicht. Das änderte sich erst in den Fünfzigern, nachdem einige Exportbestellungen für Neuseeland abzuarbeiten waren, was einen zweiten Umzug in größere Werkstätten und eine Aufstockung des Personals um das Fünffache nach sich zog. Zu dem Zeitpunkt richtete Pacific auch einen eigenen Karosseriebau ein.

Mitte der 50er beginnt die Neuzeit

Größere optische Änderungen kamen erst danach, ab 1956 sahen die Trucks der Lkw-Manufaktur nicht mehr ganz so altmodisch aus: Die Kotflügel wurden runder und die Scheinwerfer, bisher auf der vorderen Stoßstange montiert, rückten seitlich an den Kühler. In der Zeit entstanden auch – der spezielle Kunde wünschte das so – vier Frontlenker-Lastwagen. Bis 1965 bildete die E-Baureihe die Basis der Pacific-Trucks, erst danach folgte mit den P-Typen eine neue Lastwagen-Generation.
Erster Vertreter der neuen Baureihe war der Pacific P9 von 1965, wobei sich die Zahl auf die Rahmenstärke in Zoll (9 Zoll = 22,9 Zentimeter) bezog. Zu größerer Bekanntheit brachte es aber der brachiale P16, der schwerste von Pacific bis dahin gebaute Truck.

Pacific-P-Reihe

Dieser Lkw hatte einen V8-903 Cummins oder einen V12 von Detroit Diesel, 5x4 Spicer-Getriebe, Shuler-9-t-Vorderachse und Doppelachsaggregat (32 t) von Clark. Die Zugmaschine brachte es auf eine Länge von 9,75 m und eine Breite von gut 2,70 m bei einer Spurweite von 2286 mm. Zwei Kompressoren unterstützten die Bremsen, dazu gab es einen Retarder und eine Sprühvorrichtung, um die 50 cm messenden Bremstrommeln mit Wasser kühlen zu können. Die Ganzstahlkabinen kamen von Pacific, je nach Kundenwunsch und Spezifikationen lag das zulässige Gesamtgewicht von Truck und Trailer zwischen 76 und 112 t. Nicht zuletzt dank der neuen Baureihe verließen rund 30 Lkw im Monat das 1967 bezogene Werk in Vancouver. Dennoch handelte es sich bei jedem Lkw um ein Einzelstück nach Kundenwunsch, auch bei den für die südafrikanische Eisenbahngesellschaft gebauten, 600 PS starken Schwerlastzugmaschinen für Zuggewichte von 150 bis 370 Tonnen. Diese Schwertransporter legten die Basis für die neue Baureihe P-12. Insgesamt entstanden 18 Fahrzeuge, darunter fünf »Ultra« mit einem 800 PS starken Cummins V12.

Pacific P512 S 8x4 mit 475 PS starkem V8 von Detroit-Diesel und Fuller-Getriebe. Achsen von Rockwell und Dana. (Foto: © Hersteller)

Pacific bleibt eigenständig

Im August 1970 erwarb die International Harvester Company den kanadischen Kleinserienhersteller. Der Kunde bemerkte das höchstens an der wachsenden Modellvielfalt, denn Pacific bot nun vier eng miteinander verwandte Baureihen an, wobei nur die Serie P-510 mit 26 Tonnen für öffentliche Straßen zulassungsfähig war. Die Palette der schweren Typen umfasste den P-10 (37 Tonnen) und die Typen P-12 und P-16 mit jeweils 58 Tonnen. Letzterer unterschied sich durch den verstärkten Rahmen von den anderen beiden Typen, wobei alle Pacific-Lkw als schier unverwüstlich galten – sie waren auch um mindestens 1,5 Tonnen schwerer als die Lkw der Konkurrenz. Standard waren IH-Paystar-Kabinen, optional konnten die Kunden aber auch die Pacific-Hütten ordern. Je nach Ausführung kamen auch GfK-Komponenten zum Einsatz. Das Anhänger-Programm umfasste Trailer für die Holzindustrie mit einem Gewicht von 30 bis 60 Tonnen und Tieflader im Bereich von 75 bis 200 Tonnen.

Wichtige Kunden waren, neben den großen Forstbetrieben, Ölgesellschaften und Minen. Noch immer baute Pacific das, was der Kunde wollte, etwa Betonmischer für Ready Mix mit Tandem-Lenkachse und Fahrgestelle für Betonpumpen.

So gut die Geschäfte bei Pacific auch liefen: Der Mutterkonzern IHC steckte in der Krise und verkaufte die Spezialfahrzeugbauer im September 1981 an einen Investor aus Singapur, der mit Pacific die boomenden Märkte in Ostasien erobern wollte. Das ging eine Weile gut, Pacific feierte 1987 den Bandablauf seines 2000sten Lkw. Die

Der Pacific P500 löste 1974 den P9 ab. IH (Kanada) wollte damit das Portfolio um Fernverkehrslaster erweitern. (Foto: © Hersteller)

Ihre Zugmaschinen boten die Kanadier wahlweise mit Stahl- oder mit GfK-Motorhaube an. (Foto: © Hersteller)

Pacific hat seine Lkw für den Einsatz in den Wäldern Kanadas konzipiert. Für den Straßenverkehr waren sie nie gedacht. Ersatzteile sind immer noch lieferbar, und Pacific-Lkw werden selten verschrottet sondern meist neu aufgebaut. Im Bild der P9 6x4 mit 355er Cummins und Roadranger-Getriebe. (Foto: © Hersteller)

Als am 1. Februar 1968 die erste Stufe für die Saturn-V-Rakete der Raumfahrtmission Apollo 8 aufgerichtet wurde, war ein umgebauter PACCAR-Pacific mit dabei. (Foto: © NASA/PD)

Nach dem Krieg wurden ausgesonderte Panzertransporter von zivilen Unternehmen umgebaut – wie dieser Pacific M26A1 einer niederländischen Spedition. (Foto: © Anefo)

SCHWERLAST-ZUGMASCHINEN

Rotran ist ein südafrikanisches Schwerlastunternehmen, spezialisiert auf den Transport von Generatoren und Kraftwerksteilen. Seit 2005 werden Neufahrzeuge praktisch ausschließlich bei Nicolas bezogen, doch auch die langlebigen Pacific gehörten (die Aufnahme stammt von 2015) zum Fuhrpark. (Foto: © D. Gallop, CC-BY-SA 2.0)

Der schwerste P 500 war auf ein Zuggesamtgewicht von 167 Tonnen ausgelegt. Der Motor – 600 PS – stammte von Cummins, die Kraftübertragung von Allison-Fuller und die Achsen von Rockwell. Eingesetzt wurde er in den Wäldern Quebecs. (Foto: © Hersteller)

Beim Pacific M26 Dragon Wagon erfolgte der Antrieb auf die beiden Hinterachsen über Ketten. (Foto: © Alf van Beem, CC0)

Konjunktur aber flaute ab, nach 1988 kam der Großteil der Komponenten aus Fernost und das Werk in Vancour sank zum Montagebetrieb herab. Im Oktober 1991 wurde der letzte Serien-Lkw gebaut, die Fabrik geschlossen und das Grundstück verkauft. Insgesamt waren 2.308 Lkw gebaut worden. Um deren Ersatzteilversorgung kümmert sich seit 2002 eine noch heute bestehende kanadische Firma, die auch die Rechte am Namen und sämtlichen Konstruktionen hält.

Achtung, Verwechslung: Pacific Car (USA)

Nicht mit den kanadischen Pacific-Lkw verwechseln sollte man die amerikanischen Pacific-Schwergewichte. Diese Firma hieß mit vollem Namen »Pacific Car & Foundry Co.« und ist heute unter dem Namen »Paccar« bekannt.

Die 1905 gegründete Firma zum Bau von Eisenbahnwaggons und Gerät zur Holzabfuhr widmete sich ab 1934 dem Bau von schweren Winden für die Forstwirtschaft und dergleichen. Zum Lkw-Bau kam das Unternehmen im Krieg, denn die US-Army, unzufrieden mit den Diamand-T-980, die als Panzertransporter der Alliierten gebaut wurden, gab die Entwicklung einer schweren 6x6-Zufgmaschine in Auftrag, die in Kombination mit einem Auflieger von Fruehauf in der Lage sein sollte, Panzertransporte bis 45 Tonnen durchzuführen.

Die 6x6-Zugmaschine mit der charakteristischen abgeschrägten, gepanzerten Kabine – die schrägen Platten verstärkten die Schutzwirkung unter Beschuss, ohne dass die Panzerung dicker und damit schwerer werden musste – hatte einen wassergekühlten Reihen-Sechszylinderbenzinmotor von Scott unter der Haube, die Motorleistung lag bei 240 PS. Die zwölf Tonnen schwere Zugmaschine verfügte über zwei Winden und einen faltbaren A-Kran hinter der Kabine, um auch für Bergungen auf dem Gefechtsfeld genutzt werden zu können.

Die Entwicklung dieses Schwergewichts hatte ein Truckhersteller in San Francisco vorgenommen, der Firma fehlten aber die Produktionskapazitäten. Daher beauftragte das Beschaffungsamt die Pacific Car mit dem Bau der Fahrzeuge. Zwischen 1943 und 1945 entstanden so 1372 Einheiten des als »Pacific TR1« bezeichneten und von der Army als M26 beziehungsweise M26A1 klassifizierten Transporters. Nach dem Krieg wurden viele der Pacific-Panzertransporter ausgesondert und von ihren neuen Nutzern als Schwerlast-Zugmaschinen eingesetzt.

Paccar selbst, mit Sitz im Bundesstaat Washington, war auf den Geschmack gekommen, kaufte 1945 Kenworth, 1958 Peterbilt, 1981 Foden und 1996 DAF.

Drei der insgesamt elf überlebenden Rotinoffs auf einem Bild. Links der von M.A. Jordan, in der Mitte die Parnabys-Maschine und rechts der Super Atlantic. (Foto: ©WyrdLight.com/ CC-BY-SA 3.0)

Größter Erfolg für Rotinoff war der Verkauf von Super Atlantic an die Schweizer Armee. Mit Centurion-Panzer auf dem Scheuerle-Tieflader (gab wohl auch Schelling-Tiefbett-Trailer) durften 104 Tonnen bewegt werden. Eines der großen Probleme der Rotinoff war der horrende Spritverbrauch der 16,2-Liter-Rolls-Royce-Motoren, der bei mindestens 160 Litern auf 100 km lag. Die Tanks fassten rund 550 Liter Diesel. (Foto: © Ralf Weinreich)

SCHWERLAST-ZUGMASCHINEN

Rotinoff GR7 mit Rolls-Royce-Achtzylinder C8.TFL mit 16,2 Litern Hubraum und 335 PS. Der Ballastschlepper war für bis zu 200 Tonnen zugelassen . (Foto: © Hersteller)

1957 gelangten zwei Rotinoff nach Australien, sie hießen »Jackie« und »Julie«. Julie steht heute in der National Road Transport Hall of Fame in Alice Springs. (Foto: © Bahnfrend, CC-BY-SA 4.0)

ROTINOFF (GB)

Alexander George Rotinoff (1875–1934), armenischer Abstammung, war Architekt, Ingenieur und Konstrukteur. Er floh 1917 mit seiner Familie (darunter Sohn George Alexander) vor der kommunistischen Revolution aus Weißrussland nach England. Dort entwickelte er ein neues System zur Schalung von Betonpfählen zur Untergrundbefestigung, das »Cylindrical Shell Pile System«, verkaufte die Rechte an eine Baufirma und gründete mit dieser ein Gemeinschaftsunternehmen. Nach Alexanders Tod – zwei Jahre nach der Einbürgerung der gesamten Familie – stieg Sohn George in das Unternehmen ein, verließ es zehn Jahre später, um dann 1952 die Rotinoff Motors Ltd zu gründen. Unternehmenszweck war der Bau von Schwerlastzugmaschinen für Militär und Schwerlastspeditionen.

Rotinoff Atlantic und Super Atlantic

Für solche Zwecke hatte man gemeinhin ehemalige Panzertransporter verwendet, allen voran den Diamond T 980/981. Der hatte aber für den Einsatz im Schwerlastverkehr einige gravierende Nachteile, nämlich zu wenig Zugkraft und eine ausgesprochen enge Dreimann-Kabine. Rotinoff setzte dem den »Atlantic« mit einem Gesamtzuggewicht von 140 Tonnen – der Sechszylindermotor stammte von Rolls Royce und hatte 250, dann 275 PS – entgegen, sowie den Ende Juli 1957 vorgestellten »Super Atlantic« (200 Tonnen, 8-Zylinder-RR-Motor, 366 PS). Die Vier-, Fünf- und Sechsganggetriebe waren mit einem Overdrive ausgestattet, dazu kam ein 3-Gang-Vorgelege, das ursprünglich aus einem Sherman-Panzer stammte. Anfällig waren vor allem Getriebe, Differentiale und Wellen. Einem normalen Fernverkehrslastwagen entsprach am ehesten der Anfang 1956 vorgestellte »Viscount«, ein weniger massiv gebauter »Atlantic« mit 7300 mm langem Radstand. Es entstanden aber wohl 1957 nur zwei Viscount (Bezeichnung »GR.37/ AU«) für Australien, wo sie im Outback als Roadtrain Schafe transportierten. Dem Rolls-Royce-Sechszylinder ging aber schon bei der leichtesten Steigung die Puste aus, dann mussten die Anhänger abgekuppelt und einzeln nach oben geschleppt werden.

Größter Rotinoff-Erfolg war der Verkauf von zwölf 6x4 Rotinoff Atlantic GR.7 an die Schweizer Armee. Bei diesen Schwerlastzugmaschinen lag das maximale Zuggesamtgewicht bei 140 Tonnen. George Rotinoff starb 1959, nachdem 35 Fahrzeuge mit dem Namen Rotinoff gebaut worden waren. Das Unternehmen änderte im folgenden Jahr seinen Namen in Lomount Vehicle & Engineering Ltd. und verkaufte 1962 die Konstruktionsrechte an Atkinson. Unter diesem Namen wurden noch einige Rotinoffs gebaut.

SCHWERLAST-ZUGMASCHINEN

SCAMMELL (GB)

Wie andere ehemalige Dampfmaschinenhersteller auch gab sich die Scammell Lorries Ltd. nicht mit Kleinkram ab: Scammell baute Fahrzeuge für schwere und schwerste Lasten. Das Unternehmen begann um 1900 mit der Wartung und Reparatur von Foden-Dampfwagen. Erster Schwerlastwagen war ein Sechsrad-Sattelschlepper mit zehn Tonnen Nutzlast von 1920. Schwere Dreiachser waren die Hauptstütze des Lkw-Geschäfts, herausragend war der Prototyp des »Pioneer« mit angetriebener hinterer Doppelachse von 1926 und der »Hundert-Tonnen-Sattelschlepper« von 1929. Die Armee orderte über die Jahre rund 3500 Pioneer 6x6- und 6x4-Dreiachser, vor allem als Artilleriezugmaschinen und Bergefahrzeuge; von den Schwertransportern wurden nur zwei Stück gebaut. Nach 1934 bot Scammell nahezu ausschließlich Schwer- und Spezialfahrzeugen an, darunter – 1937 – den ersten vierachsigen Frontlenker (»Rigid 8«). Auch nach dem Krieg konzentrierten sich die Spezialisten auf den Bau von Zugmaschinen und Spezialfahrzeugen.

Scammell Constructor / Contractor

Die Schwerlast-Zugmaschinen hießen bei Scammell »Constructor«. In der ersten Generation lag das zulässige Gesamtgewicht bei 20 Tonnen, wobei auf der Pritsche dann Spezialausrüstung oder einfach nur Ballast mitgeführt werden konnte, um Schwertransporte mit Zuggesamtgewichten von 50 bis 75 Tonnen (in Sonderfällen bis zu 250 Tonnen) durchführen zu können. Die Motoren – 8,4 bis 15,2 Liter Hubraum, 112 bis 200 PS – stammten zunächst von britischen Herstellern wie Rolls Royce, später auch von Cummins. Das Sechsgang-Getriebe (plus 2-Gang-Verteiler) war eine Eigenentwicklung. Die 6x4-Zugmaschinen mit vorderer Querblattfeder gab es in sechs Radständen von 4730 bis 8200 mm, die Höchstgeschwindigkeit lag bei 55 km/h. Die zweite Generation von 1964 erhielt die Bezeichnung »Contractor«. Die neuen 6x4- und 6x6-Zugmaschinen hatten Diesel von Caterpillar oder Cummins (335–395 PS) und hydromechanische 9- oder 15-Gang-Getriebe. Ausgelegt waren sie auf Gesamtgewichte von bis zu 240 Tonnen. Für Australien entstand eine 8x4-Version, die als Roadtrain mit zwei Vierachs-Anhängern auf ein Zuggewicht von 100 bis 120 Tonnen kam.

1955 erfolgte Scammells Eingliederung in die Leyland Group, was eine teilweise Übernahme von Leyland-Baugruppen nach sich zog. 1983 lieferte Scammell den ersten Panzertransporter der Nachkriegszeit an die Army aus. Diese auf über 100 Tonnen ausgelegten Zugmaschinen mit 26-Liter-Rolls-Royce-Biturbo (625 PS). Bergefahrzeuge und Panzertransporter bestimmten das Programm der letzten Jahre, denn die Leyland-Übernahme durch DAF 1987 brachte 1988 das Aus für Scammell.

Scammell, seit 1955 bei Leyland, stellte im Sommer 1958 den Routeman vor, der 1962 eine neue GFK-Kabine im Michelotti-Design erhielt. (Foto: © Gillett's Crossing, CC-BY-2.0)

Tolle Kombi: Rotinoff Super Atlantic vor dem Scammell S26, in der Szene bekannt als »Evening Star«. Dieser 300-Tonnen-Ballastschlepper soll der letzte Scammell gewesen sein, den Leyland gebaut hat. (Foto: © Ralf Weinreich)

Scammell war der erste Hersteller, der eine Schwerlastzugmaschine für 100 Tonnen Gesamtgewicht vorstellte. Da es 1929 noch keine Luftreifen mit entsprechender Traglast gab, rollte die Kombination auf Vollgummireifen. (Foto: © Hersteller)

Schwere dreiachsige Zugmaschinen baute Scammell seit 1927. Die Geländegängigkeit war enorm, die Achskonstruktion erlaubte Achsverschränkungen hinten von bis zu einem Meter. Der Pioneer diente als Artilleriezugmaschine, Panzertransporter und, so wie hier, als SV/2S mit Bergekran. Hier sitzen die Scheinwerfer unten, was auf ein Exemplar aus der Nachkriegszeit schließen lässt. Unter der Haube saß ein Gardner-Diesel mit 8,4 Litern Hubraum und 102 PS. (Foto: © Alf van Beem)

Scania 730 S V8 mit Highline-S-Kabine und der Achsformel 8x4: Die 13,6 Tonnen schwere Zugmaschine darf bis zu 250 Tonnen ziehen. (Foto: © Scania AB / Gustav Lindh 2017)

SCHWERLAST-ZUGMASCHINEN

16 Liter Hubraum, 650 PS: Der Scania Schwerlasttransporter SLT 650 ist seit 2021 für den Straßentransport von Großgerät im Zulauf bei der Truppe. (Foto: © Bundeswehr/Kai Axel Döpke)

Zwei Scania R730 als SLT, vorne vor, hinten nach dem Facelift 2015. Die gelenkte Vorlaufachse ist bei Leerfahrten liftbar. Inzwischen hat Felbermayr auch 770 S im Einsatz (Foto: © Ralf Weinreich)

Anders als »Mammut« und »Elefant« sind die Scania-SLT für den Straßentransport bestimmt. Für Vortrieb sorgt der 16-Liter-V8. (Foto: © Bundeswehr/Kai Axel Döpke)

SCANIA (S)

Scania und die Konzernschwester MAN bieten beide SLT an. Allerdings haben Schwerlast-Zugmaschinen bei den Schweden nie eine größere Rolle gespielt. Erst nach 2010 sollte sich das ändern, wobei die schwedischen Modellplaner sich den Markt sehr genau angeschaut haben, um ihre Nische zu finden. Natürlich hat es auch zuvor Scania-SLT gegeben, mit Schwerlasturm und entsprechender Ausrüstung, doch systematisch hatte Scania dieses Geschäftsfeld nicht beackert. Das änderte sich inzwischen.

SLT von der Stange

Anders etwa als Mercedes-Benz – die über ihren Spezialfahrzeugbau in Molsheim und die damit verbundenen Partner-Unternehmen Zugmaschinen nach Maß fertigen – setzt Scania auf sein ausgeklügeltes Baukastensystem und verwendet ausschließlich Großserien-Komponenten, wie sie bei den Fernverkehrsmodellen und Baufahrzeugen bekannt sind und ihre Zuverlässigkeit bewiesen haben. Daher gestaltet sich der Aufbau vergleichsweise unkompliziert, so ziemlich jede Radformel – 6x4-, 6x6-, 8x4-, 8x8 und 10x4/6 – ist darstellbar, und selbst ein Vierachser mit ultrakurzem Radstand von 3,30 Metern ist lieferbar. Bestückt mit dem stärksten Motor im Sortiment – Scania setzt als einziger europäischer Lkw-Hersteller als Spitzenmotorisierung noch auf einen V8 – verzichtet Scania auf einen teuren Drehmomentwandler und bleibt beim gängigen Antriebsstrang, bestehend aus Einscheibenkupplung und 12-Gang-Getriebeautomatik. 500-kW-Retarder und Motorbremse halten die Fuhre auch auf Bergab-Serpentinen in der Spur.

Panzertransporter für die Bundeswehr

Hauptabnehmer für diese Baukasten-SLT mit Zuggesamtgewichten bis 160 Tonnen ist das Militär, die norwegische Armee hat Scania ab 2014 mit 8x8-Zugmaschinen mit Crewcab zum Panzertransport beliefert. Auch die Bundeswehr hat inzwischen 40 Schwerlast-Sattelzugmaschinen Scania 650 S A 8x6/4 HA erhalten, allerdings ohne Crewcab. Die Achsen 1, 3 und 4 sind angetrieben, die Achsen 1 und 2 gelenkt. In Kombination mit Doll-Panther-Sattelaufliegern (acht Achslinien, davon sieben gelenkt, Achslast jeweils 12 Tonnen, technische Nutzlast 89 Tonnen) dienen sie dem Transport von schwerem Gerät bis hin zum Leopard 2 A7 V. Sie sind allerdings, anders als Mammut und Elefant, ausschließlich für den Straßentransport hinter der Front gedacht und nicht zur Bergung auf dem Gefechtsfeld. Gepanzert ist eine solche »Sattelzugmaschine, handelsüblich, große Lasten« (SaZgM hü gr La) nicht, dafür aber mindestens 25 Tonnen leichter als eine Mammut-Kombination – und entsprechend günstiger in Anschaffung und Betrieb.

SCHWERLAST-ZUGMASCHINEN

TATRA

Da in der Tschechoslowakei, wie auch in anderen Ostblock-Staaten, schwere Straßenzugmaschinen aus eigener Herstellung zunächst fehlten, wurde die Firma Tatra, seit 1951 weitgehend auf den Bau schwerer Baumuster festgelegt, zur Entwicklung einer solchen Zugmaschine verpflichtet.

Vom T 111 zum T 141

Basis für die Entwicklung bildete der zu jener Zeit schwerste osteuropäische Lkw, der Tatra T 111 mit Zentralrohrrahmen und Pendelachsen. Er wurde umkonstruiert und auf ein Gesamtzuggewicht von 100 Tonnen ausgelegt. Der nunmehrige Typ 141, 1955 präsentiert, hatte zunächst den 180 PS starken T-111-Motor unter der Haube, später leistete er 185 PS. Beide Hinterachsen waren angetrieben, der Vorderachsantrieb konnte zugeschaltet werden. Die Kraftübertragung erfolgte über eine Viergangschaltung mit zweistufigem Reduktionsgetriebe in den Radnaben. Dazu kam eine Winde, angetrieben vom Nebenabtrieb. Der Tatra schaffte Wattiefen von 80 cm. Serienmäßig waren eine Truppkabine sowie eine Ballastpritsche. Knapp 5000 dieser Zugmaschinen wurden gebaut, sie liefen auch in der DDR. Ihre Ablösung erfolgt schrittweise ab 1967, nachdem endlich die Frontlenker-Zugmaschinen-Baureihe T 813 serienreif war.

Vom T 813 zum T 815

Zusammen mit den neuen Frontlenker-Lkw-Typen T 137 / T 138 entstand unter der Bezeichnung T 813 auch eine neue Reihe von Frontlenker-Zugmaschinen mit zwei, drei und vier Achsen. Die grundlegenden Konstruktionsprinzipien waren wieder typisch Tatra, also: Luftgekühlter V12-Diesel, zweistufiges Reduktionsgetriebe und damit 20 Vor- und 4 Rückwartsgänge, Blattfedern rundum, Zentralregelung des Reifendrucks und Seilwinde. Die Kabine war noch einmal geräumiger geworden, jetzt fand sich auch noch Platz für zwei Liegen. Das 8x8-Chassis diente als Unterbau einer Vielzahl an Spezialfahrzeugen, vielleicht am bekanntesten waren die Feuerwehr-Drehleitern und Flugfeld-TLF. Für den Einsatz als Zugmaschine gab es den Tatra T 813 TP 6x6 für Zuggesamtgewichte bis 100 Tonnen.

Dem T 813 folgte der T 815, zunächst gebaut als T 815 VT 8x8 (Militärausführung) und T 815 TP 6x6 (zivile Anwendungen). Auch hier war die bestehende Technik verfeinert worden, der V12 mit Biturbo leistete nun 360 PS. Die Militärzugmaschine war auf 100 Tonnen, der 6x6-Schlepper auf 120 Tonnen Gesamtzuggewicht ausgelegt und durfte in der DDR 96-Tonnen-Hänger ziehen.
Seit 2009 bildet der 815-7 (»FORCE«) die robuste Basis für alle möglichen Anwendungen und Spezialfahrzeuge.

Der hierzulande wahrscheinlich bekannteste Tatra ist die vom T 111 abgeleitete Schwerlast-Zugmaschine T 141 im Sächsischen Eisenbahnmuseum Hilbersdorf. (Foto: © Geme, CC-BY-SA-3.0)

Tatra 815-7 12x6 mit vier Lenkachsen für den Transport von Stahlrohren. Das Chassis ist seit 2009 auch für zivile Zwecke verwendbar, etwa für Löschfahrzeuge und Spezialaufbauten. (Foto: © Hersteller)

Mangels geeigneter Fahrzeuge aus eigener Produktion waren die Schwerlastbetriebe der DDR auf Importe angewiesen. In den meisten Fällen wurden Tatras aus der CSSR beschafft. (Foto: © Ralf Weinreich)

Die Standard-Schwerlastzugmaschine des Ostblocks war der Tatra 813. Diese Baureihe wurde zwischen 1967 und 1982 in erster Linie für das Militär gebaut. Nach der Aussonderung gelangte sie in zivile Hände, wie dieser 813 8x8 mit Culemeyer-Straßenroller der Deutschen Reichsbahn. (Foto: © Ralf Weinreich)

Der Mighty Antar von Thornycroft wurde 1953 bei der niederländischen Armee als 65-Tonnen-Panzertransporter eingeführt. Später gab es auch eine 100-Tonnen-Ausführung. Im Bild ein Mk II mit DAF-Trailer und Centurion-Panzer. (Foto: © Anefo)

Der Mighty Antar ist die Schwerlastzugmaschine, für die Thornycroft noch heute bekannt ist. In drei Serien zwischen 1951 und 1964 gebaut, gehört dieser 1962er Ex-RAF-Schlepper (der einzige, den die RAF erhielt) zur Serie III, mit Rolls-Royce-Turbodiesel und 12,2 Litern Hubraum. (Foto: © Ralf Weinreich)

Die Nippy-HF-Serie war 1938 vorgestellt worden und kam 1951 in Neuauflage. Neu war vor allem die Ganzstahlkarosserie, die auch Guy Motors verwendete. (Foto: © Chris Sampson, CC-BY-SA-2.0)

Die Trusty-Baureihe – Nutzlast als 6x4: 12 Tonnen – wurde 1953 eingeführt und war, anders als der Mighty Antar, nur für zivile Zwecke gedacht. (Foto: © Hersteller)

Die Frontlenkerausführung des Antar hieß Big Ben. Sie erschien 1954 und war für ein Gesamtgewicht bis 40 Tonnen ausgelegt. Sie hatte 11,3 l Hubraum und 155 PS. (Foto: © Chris Sampson, CC-BY-SA-2.0)

THORNYCROFT (GB)

John I. Thornycroft begann auf seiner Werft 1864 mit dem Bau von schnellen Dampfbooten; seine gleichnamige Firma motorisierte 1896 dann einen Pferdekarren mit einer leichten Dampfmaschine. Wie beim Bootsbau üblich, wurde hinten gelenkt, und die Dampfkraft – vermittels Ketten – wirkte auf die Vorderräder. Das funktionierte so gut, dass viele weitere folgten. Die Landfraktion bekam 1898 einen eigenen Firmennamen und eigene Räumlichkeiten. Bis zum Erscheinen des ersten Lastwagens mit Benzinmotor 1902 hatte das Unternehmen Drei- und Viertonner sowie einen Sattelschlepper auf die Straße gebracht und mit dem Typ A begann das Zeitalter der Armee-Motorisierung im Vereinigten Königreich: Die ehemalige Dampfwagenfabrik war dick im Militärgeschäft. 1912 erschienen, wiederum nach einer Armee-Ausschreibung, die im Rahmen unterschiedlicher H-, J- und K-Typen. Der Dreitonner Typ J mit 45 PS starkem 6,25-Liter-SV-Motor wurde zum Standard-Lkw der Army und bis 1926 rund 5000 Mal gebaut. Prägend für das Unternehmen waren aber schwere Zugmaschinen wie der Allrad-Artillerietraktor »Hathi« von 1924 – »Hathi« war das Hindi-Wort für »Elefant« und passte blendend zum Image des Herstellers, schwere, zuverlässige Fahrzeuge zu bauen. In den Dreißigern folgten die für England üblichen Vierachser, jede Menge Militäraufträge und Lastfahrzeuge wie den »Antar« von 1948.

Thornycroft Antar

Englands stärkste und größte Zugmaschine Anfang der Fünfziger war der Antar, der bis auf 100 Tonnen ausgelegt war und als Panzertransporter wie auch für die Ölfelder des Nahen und Mittleren Ostens gebaut wurde. Der 6x4-Dreiachser mit 9,5 Metern Länge und einer Breite von über drei Metern kam auf ein Gewicht von 15,5 Tonnen. Unter der Haube hatte er einen Rover-V8-Diesel mit 18 Litern Hubraum und 250 PS, die Spitze lag bei 45 km/h. Die Kraftübertragung erfolgte über ein Viergang-Getriebe plus Dreigang-Nebengetriebe. Bereift mit zehn Reifen der Dimension 14.00-24, führte der Gigant zwei 450-Liter-Tanks hinter der Kabine mit sich.

Ab Ende der Fünfziger baute Thornycroft ausschließlich Schwerlastwagen für Export und Militär sowie Spezialfahrzeuge auf Basis der Antar-, Nubian- und Big-Ben-Baureihen. Das Geld für teure Neuentwicklungen war aber knapp, daher schlüpfte man 1961 bei ACV unter, dem Mutterkonzern von AEC. Nachdem ACV wiederum von Leyland aufgekauft worden war, erwuchs Thornycroft in Gestalt von Scammell ein weiterer Konkurrent im eigenen Konzern. Es kam, wie es kommen musste: Die Thornycroft-Produktion wurde eingedampft, ins Scammell-Werk verlegt und 1977 schließlich beendet.

TITAN (D)

Die heutige »Titan Stahl- und Gerätebau GmbH« wurde 1971 in Appenweier – ganz in der Nähe des Mercedes-Lkw-Werks Gaggenau – gegründet. Ursprung war die 1897 entstandene »Waggonbau Rastatt«, die in jenem Jahr umstrukturiert wurde.
Dank reichlich vorhandener Kompetenz konzentrierte sich die neue Firma zunächst auf den Bau von Fahrgestellen für Spezialfahrzeuge, bevor 1977 der Bau von Schwerlastzugmaschinen auf Basis von Mercedes-NG-Baukippern aufgenommen wurde. Typischerweise wurden diese auf ZF-Wandlerschaltkupplung umgebaut und V12-Motoren implantiert, inklusive aller notwendigen Anpassungen an Öl- und Kühlkreislauf. Die Schätzungen gehen von rund 400 solcher Zwölfzylinder-NG aus.
Nachdem Mercedes-Benz mit seiner Spezialfahrzeugsparte NAW in der Schweiz teilweise selbst in den SLT-Bau einstieg, erweiterte Titan sein Angebot, baute auch einige MAN-Zugmaschinen um und entwickelte Fahrgestelle für Flugfeld-Großlöschfahrzeuge.

Seit 1994 ist die »TITAN Spezialfahrzeugbau GmbH« nun in Backnang und seit 2011 in Sulzbach – auch nicht weit weg – ansässig, dort widmet sich die 50-köpfige Belegschaft inzwischen, in Zusammenarbeit mit Mercdes CTT und Paul Nutzfahrzeuge, vornehmlich dem Umbau von Actros und Arocs in SLT mit älterer Motorentechnik für den Export. Diese werden in allen Achsformeln angeboten (6x4, 6x6, 8x4, 8x6, 8x8) und tragen den Stern. Darüber hinaus bietet Titan unter der nüchternen Bezeichung »Z« noch eigene Zugmaschinen mit und ohne Schwerlastturm an. Der Zusatz »H« verrät den Hauber, der Zusatz »F« steht für den Frontlenker. Diese haben meist keine Straßenzulassungen.

Titan Z80-600 F

Das gegenwärtig größte Ding von Titan – mit Reifen der Dimension 29.5 R 25 bestückt – ist der Ölfeld-Transporter Z80. Zu haben mit Kessler-Achsen, ist das überbreite Fahrgestell – der Ölfeld-Truck kommt auf eine Gesamtbreite von 3,50 m – mit Mercedes-Technik bestückt, Motor wie auch Kabine stammen vom Actros. Allerdings sind, wie im Spezialfahrzeugbau üblich, auch andere Kabinen, Motoren und Achsen zu haben. Die Sulzbacher können in ihren Rahmen nahezu jeden beliebigen Antriebsstrang unterbringen. In 6x6-Konfiguration liegt das Leergewicht bei 30, das Gesamtgewicht bei 80 und das Gesamtzuggewicht bei 500 Tonnen.
Die Titan-Zugmaschinen für Sattelauflieger heißen Titan Z 72-600 H 6x6 beziehungsweise Z 64-600 F 8x8 kommen auf eine Sattellast von 42 Tonnen und ein Zuglast von 1000 Tonnen. In hiesigen Breiten trifft man sie natürlich nicht an.

Mercedes Actros 4157, von Titan mit Vorlaufachse und ZF-WSK ausgestattet. In dieser Form 1997–2002 gebaut. (Foto: © Hersteller)

Für Ölfelder und Minenbetreiber: Titan Z80-600 F 6x6 neben einem Actros, 2011. (Foto: © Matthead, cc-by-sa 3.0)

Teilweise stammten die Titan-Konstruktionen und Fahrgestelle noch von der Vorgängerfirma, dem Waggonbau Rastatt. Titan-Zugmaschinen– hier eine Z40.525 H – gingen an den VEB Ostseetrans Rostock und an den VEB Schwertransporte Leipzig, ein weiteres Exemplar erhielt das Kombinat in Bitterfeld. Das Zuggesamtgewicht lag bei 200 Tonnen. (Foto: © Ralf Weinreich)

TROJAN (GB)

Das Angebot an Schwerlastzugmaschinen, sollte man meinen, ist groß genug – doch wohl nicht für alle Zwecke ausreichend. Die 1983 gegründete Firma ALE (»Abnormal Load Engineering«) im britischen Hixon, Staffordshire, bewältigte Straßentransporte bis in die 2010er Jahre hinein mit Faun-Zugmaschinen. Die verbrauchten aber zu viel Sprit, und die stetig steigenden Lasten brachten Komponenten wie Getriebe und Hinterachsen an ihre Grenzen. Bei Projekten, die mehrere ziehende und schiebende Einheiten erforderten, wurde deren Synchronisation immer schwieriger. Angedacht war zunächst der Ankauf der nicht von der britischen Army übernommenen Alvis-Unipower Panzertransporter vom Typ MHT8875 aus französischen Beständen. Nach der Ausmusterung der Alvis-Unipower-Einheiten bei der Panzertruppe übernahm ALE sechs Einheiten, nutzte aber für das 2012 initiierte Trojan-Projekt lediglich die Kabinen von Penman, die Dana-Vorderachsen und die 8-Tonnen-Winden für ihren Ballast-Schlepper.

TROJAN 8870

Am 23. Oktober 2014 präsentierte ALE auf einem aufgelassenen Flugfeld zwei Trojan 8870. Herausragend bei diesem Entwurf war der hohe Grad an Digitalisierung, denn das jeweilige Führungsfahrzeug konnte sich mit allen Einheiten im Konvoi vernetzen: Lenkung, Elektrik, Bremsen, Motor und Getriebe sind bei allen Fahrzeugen dann aufeinander abgestimmt.

Der Trojan ist für ein Gewicht von 72 Tonnen ausgelegt und auf ein Zuggesamtgewicht von 330 Tonnen. Bei seinem allerersten Schwerlasttransport am 18. September 2014, bei dem ein Transformator von Alstom in Stafford nach Ellesmere Port transportiert werden musste, schaffte Trojan Nr. 1 sogar ein kombiniertes Bruttogewicht von 400 Tonnen ohne Unterstützung der hinteren Zugmaschine. Für Vortrieb sorgt ein Schiffsdiesel von Volvo Penta. Der zwangsbeatmete Reihensechszylinder – man hat sich bewusst gegen einen V-Motor entschieden – mit einer Leistung von 700 PS erfüllt die Euro-5-Norm. Das Drehmoment liegt bei 3220 Nm und wird bei 1200 Umdrehungen abgegeben. Die Kraftübertragung erfolgt über eine Allison Sechsgang-Automatik, das Zweigang-Verteilergetriebe kommt, ebenso wie die Tandem-Hinterachse, von Kessler. Die Kraftverteilung vorn/hinten beträgt 30/70; die Radaufhängungen kommen von Hendrickson. In die Tanks passen insgesamt 1400 Liter Diesel, da der Trojan aber um gut 40 % Prozent sparsamer ist als ein Faun (oder auch ein Alvis-Unipower mit Cummins-Diesel), ist der Fahrbereich beträchtlich.

Insgesamt sollten sechs Trojan entstehen; nach der Übernahme von ALE durch Mammoet 2020 gehören Fahrzeuge und Konstruktionsrechte nun den Niederländern.

Der Trojan nutzte Komponenten der für die Armee gebauten Unipower-Militärfahrzeuge. (Foto: © Antoine L'Eplattenier, cc-by-sa 3.0)

Seit dem Zusammenschluss von ALE und Mammoet trägt der Trojan 8870 andere Schriftzüge. (Foto: © Mammoet)

Der Trojan war eine Entwicklung des britischen Schwerlastunternehmens ALE. Dieser Ballastschlepper war auf maximale Traktion ausgelegt. (Foto: © Flickr/Paul E. Rose, cc-by-sa 2.0)

Im Oktober 2014 vorgestellt, war die Schwerlastzugmaschine mit der Radformel 8x8 auf ein Gesamtzuggewicht von 300 Tonnen ausgelegt. Beim Motor handelte es sich um einen Schiffsdiesel von Volvo-Penta mit 700 PS und 3220 Nm bei 1200 U/min. (Foto: © Flickr/Paul E. Rose, cc-by-sa 2.0)

Müller-Mitteltal hat zuerst einen Anhänger speziell für den Unimog entwickelt. Bis heute baut MM keine Auflieger. (Foto: © Hersteller)

Die Unimog-Doppeltraktion wurden ursprünglich von Zagro/Zwiehoff als Rettungs- und Servicefahrzeuge für die Verkehrsbetriebe Lausanne entwickelt. Übrigens: Ob eine Straßenbahn oder eine U-Bahn abgeschleppt werden muss, macht einen großen Unterschied: Für eine Tram reicht ein Unimog, um eine U-Bahn abzuschleppen benötigt man mehr Traktion. (Foto: © Hersteller)

Gummi hat einen drei Mal höheren Reibwert als Eisen. Daher hat man in den frühen Tagen des Zwei-Wege-Unimog mit speziellen Michelin-Schienenrädern an Stelle der Straßenbereifung experimentiert.

Dank des hydrostatischen Antriebs konnte der Unimog ab 2014 auch im Schneckentempo von 0,1 km/h über die Schienen kriechen. (Foto: © Hersteller)

UNIMOG (D)

Während der 1950 von der Maschinenfabrik Boehringer übernommene Unimog mit Stahlkarosserie bis zur Fensterhöhe und mit Faltverdeck die Kundschaft in der Land- und Forstwirtschaft bediente, sollte der Unimog 401 mit Ganzstahlfahrerhaus neue Abnehmer im Bereich der Kommunal- und Straßenbauwirtschaft, der Industrie und im Fuhrgewerbe gewinnen. Der 26 PS starke Unimog 401 mit 7 Tonnen Zuglast war zwar für den Transportsektor gedacht, aber kein Unternehmer kam auf die Idee, ihn im Fernverkehr einzusetzen. Gleichwohl hat Daimler-Benz in der Unimog-Baureihe 402 (die dem 401 entsprach, aber einen etwas längeren Radstand aufwies), auch eine Sattelschlepperversion angeboten.

Mog, der Kohlen-Kuli

Der Unimog als Zugfahrzeug war ideal für kurze Distanzen und bot gegenüber den üblichen Straßenschleppern und Lkw Vorteile: Er war wirtschaftlicher als ein normaler Schlepper, weil er dank seiner Ladefläche auch ohne Hänger 35 bis 40 Kohlensäcke mitführen durfte, und er durfte, anders als ein Lastwagen, auch nach dem Verbot 1952 in der Innenstadt zwei Anhänger mitführen. Das war insbesondere für den Brennstoffhandel von großer Bedeutung, denn bis in die 1970er Jahre hinein war Kohle der wichtigste Energieträger.

Mit seinem Gesamtzuggewicht aber war ein Unimog ab Mitte der 1960er auch im innerbetrieblichen Rangierdienst einsetzbar und konnte seine überlegene Zugkraft voll zum Tragen bringen: Weil der Reibwert von Gummi auf Eisen dreimal so hoch ist wie bei Eisen auf Eisen, bringt ein Zwei-Wege-Lkw dreimal so viel Zugkraft auf die Schiene wie eine gleichschwere Lok – mal abgesehen davon, dass ein Lkw wesentlich weniger kostet als ein Rangierlok.

Die bahntechnische Ausrüstung

Der Unimog in Zwei-Wege-Ausrüstung kann auf der Schiene 50 km/h fahren, und das gleichermaßen vorwärts- wie rückwärts. Er entspricht in allen Punkten den bahnbetrieblichen Erfordernissen: Das betrifft nicht nur die Position von Signalleuchten und Warnanlagen, sondern erfordert spezielle Felgen und Reifen samt hydraulisch absenkbarem Schienenführungssystem. Außerdem braucht ein solcher Unimog eine Eisenbahnwagen-Bremsanlage für 52 Achsen (das entspricht einem Gewicht von 800 Tonnen), hochschwenkbare Kuppelstangen vorne und hinten mit Dämpfung sowie einen Pufferrahmen, der Stöße von Waggons mit einer Geschwindigkeit von bis zu fünf km/h abfängt. Ein solcher Zweiwege-Lkw darf auch in einen Zugverband eingestellt werden und auf DB-Gleisen verkehren. Die Bahntechnik stammt meist von Zagro/Zwiehoff.

FH16 660 mit dreiachsigem Jeepdolly und Nachläufer von Nooteboom. Das Mega Windmill genannte System ist zum Transport von bis zu 100 Tonnen schweren Komponenten von Windkraftanlagen konzipiert. Die dänische Spedition hat eine Filiale bei Leipzig. (Foto: © Ralf Weinreich)

Der Volvo FH16 als leistungsstärkster Lkw ist für Schwerlastverkehr, Forstwirtschaft und Holztransport, Bergbau- und Steinbruch konzipiert. Der D17-Motor ist mit 600 PS, 700 PS oder 780 PS zu haben, das XXL-Fahrerhaus hingegen ist Serie. (Foto: © Hersteller)

Dieser F12.33 der Van Wezel Transport AG hat auf dem Noteboom-Auflieger einen Flakpanzer der Schweizer Armee. Foto von 1987; die Spedition gibt es seit 2014 nicht mehr.
(Foto: © ETH Zürich, Bildarchiv)

»Mit dem FH war der erste moderne Lkw heutiger Prägung geboren«, so der bekannte Nutzfahrzeug-Journalist Michael Kern über die erste Volvo-FH-Generation 1993. (Foto: © Hersteller)

Im Kübler-Grün: Volvo FH 540 6x4 mit einem Gesamtzuggewicht bis zu 100 Tonnen und zwei Volvo FH16 650 8x4 mit einem Gesamtzuggewicht von bis zu 160 Tonnen.
(Foto: © Volvo Trucks/Thomas Gburek)

VOLVO (S)

1987 stellte Volvo mit dem F16 den seinerzeit stärksten Lkw Europas auf die Räder. Bis auf die Kabine – die gab es seit 1977 – war eigentlich alles neu, und besonders der brandneue 460-PS-Motor überzeugte.

1993 erfolgte die Ablösung der bisherigen F-Reihe – Volvo F 10, F 12 und F 16 – durch die FH-Familie. Diese komplette Neukonstruktion hatte ein leichteres, geräumigeres und netter eingerichtetes Fahrerhaus, einen neuen Rahmen, eine hervorragende Bremsanlage. Bekannt, wenn auch verbessert, war eigentlich nur der Antriebsstrang. Der FH16 als Topmodell leistete 470 oder 520 PS.

Der Modellwechsel 2002 brachte neben dem obligatorischen Facelift Scheibenbremsen und ein EBS-System; der FH16 kam 2004 und hatte einen Turbo-Diesel mit 550 oder 610 PS. Der neue Sechzylinder mit 16,1 Litern Hubraum kam mit einem ebenso neuen Zwölfganggetriebe und entwickelte ein maximales Drehmoment von 2800 U/min. Bereift mit Michelins der Dimension 315 / 70 R 22.5, hatte der Basis-Zweiachser eine einfach übersetzte Hypoid-Hinterachse. Die Zugmaschine wog 7,8 t, das Gesamtzuggewicht lag bei 56 Tonnen.

Das Facelift 2008 brachte einen verbesserten Fahrkomfort und ab 2009 in der Spitze 700 PS bei einem Drehmoment von 3150 Nm. 2011 folgte der FH16 750 mit 750 PS und 3550 Nm – der leistungsstärkste Serien-Lkw der Welt. Mit entsprechender Hinterachse waren nun Gesamtzuggewichte bis 295 Tonnen möglich. Volvo bot den FH jetzt auch ab Werk als SLT an.

Jetzt auch für Schwertransporte

Der Volvo FH16 für Schwerlasttransporte hatte den 16-Liter-Motor mit 600 PS und ein Drehmoment von 2800 Newtonmetern. Zur Siebengang-Vollautomatik gesellte sich ein Drehmomentwandler. Die Sattelzugmaschine war mit Blatt- oder Luftfederung erhältlich und in verschiedenen Rad- und Achsenkombinationen lieferbar. Die dritte Generation stellte Volvo auf der IAA Nutzfahrzeuge in Hannover 2012 aus, zu erkennen an der Fahrerkabine mit aufrechter stehenden A-Säulen und neuer Front. Dahinter verbarg sich, je nach Typ, Volvos erster Euro-6-Motor, ein 13-Liter-Aggregat mit 460 PS. Zum ersten Mal erfolgte die Kraftübertragung über ein automatisiertes Getriebe mit Doppelkupplung. Der FH16 war in vier Leistungsstufen zwischen 540 PS bis 750 PS lieferbar und maximalen Drehmomenten zwischen 2650 und 3550 Nm. Zur IAA 2018 aufgefrischt, sind Volvo-SLT noch immer relativ selten.

Die Umrüstung, zumindest für den deutschen Markt, erfolgt meist beim Nürnberger Unternehmen Popp, dessen Name, obwohl markenoffen, unweigerlich fällt, wenn die Rede auf Volvo-Spezialfahrzeuge kommt.

WILLÈME (F)

Louis Willème (1889-1958) war kein besonders begeisterter Schüler. Das brachte seine Eltern regelmäßig zur Verzweiflung. Und er aß sehr gerne, wollte aber um keinen Preis den Gastronomiebetrieb seiner Eltern übernehmen. Doch er war ein Fuchs in kaufmännischen Belangen, und ein herausragender Schlosser noch dazu. Nach dem Ersten Weltkrieg hatte er Gelegenheit, günstig (teilweise noch in Kisten verpackte) US-Armeelastwagen und auch einige Berliet zu übernehmen. Er griff sofort zu. Seine Werkstatt in der Avenue du Roule in Neuilly wurde zu einer der ersten Anlaufstellen für alle Besitzer von ausrangierten Heeres-Lkw von White, Pierce Arrow und Liberty. Außerdem erwarb er größere Ersatzteilposten und begann, die US-Trucks nicht nur zu reparieren, sondern auch zu überholen, zu verbessern und aufzulasten. In rascher Folge – der Bedarf war riesig – entwickelte er schwere Lastkraftwagen, Baufahrzeuge, Zugmaschinen und Straßenroller. 1931 kam mit dem DG 30 der erste superschwere Typ auf den Markt. 1936 folgte ein Schwerlast-Lkw mit 18 Rädern für 110 Tonnen. Nach 1945 sorgte der W 200 für Aufsehen, er zog auf seinen 28 Rädern 205 Tonnen weg. In der Regel sorgten Deutz-Diesel für Vortrieb.

1952 folgte eine komplett neue Generation von schweren Haubern der Serien 610 und 615, sie machten die Marke zur Legende und hatten Willème-Motoren nach Deutz-Vorlage.

Nach dem Tod des Firmengründers 1958 kam es 1961 zu einer Zusammenarbeit mit Simca-Tochter Unic. Die neuen Partner schienen wie füreinander geschaffen. Willème glaubte, endlich Ersatz für die alten Deutz-Diesel gefunden zu haben, denn nun hatte man Zugriff auf Komponenten und Händlernetz von Unic. Doch die Zusammenarbeit war nur von kurzer Dauer, der Gemeinschafts-Lkw UW 610 TB schädigte das Image der Schwerlastspezialisten.

So kam es 1962 zur Kooperation mit AEC und der British Motor Corporation (BMC) über die Lieferung neuer Motoren (Serien 690 und 760) neben den weiterhin verbauten Deutz-Dieseln. Außerdem wurden bestimmte BMC-Nutzfahrzeugbaureihen in den Nutzlastklassen zwischen sechs und elf Tonnen montiert, was eine Reihe von Schwierigkeiten mit sich brachte, etwa die Umstellung von britischen Zoll-Gewinden auf metrische Gewinde. Dennoch klappte die Zusammenarbeit gut, sodass die Franzosen bestimmte AEC-Baureihen übernahmen, der Willeme K301, ein 16-Tonner, war ein AEC Mercury (7,7 Liter, 148 PS) mit neuer Kabine. Rentiert hat sich der Aufwand aber nicht, die Lkw waren Ladenhüter. AEC-Willème-Lkw (16–35 t) gab es bis 1970/71. Sie konnten die Pleite nicht verhindern, der Bau der Schwerlastbaureihen erfolgte dann bei PRP (Perez et Raymond).

Nur als Einzelstück für den Trafotransport einer portugiesischen Firma entstand um 1950 dieser W 200. (Foto: © Hersteller)

Perez et Raymond, Paris, übernahm die Konzession zum Bau der TG-Schwerlastzugmaschinen von Willème. (Foto: © Hersteller)

Die TL-201-Baureihe mit 200 PS starkem AEC-Diesel war auf 35 Tonnen ausgelegt. Die Kabine stammte von Cottard. (Foto: © Hersteller)

Hat schon bessere Tage gesehen: Willème Muldenkipper LD 610, Baujahr 1954. (Foto: © Spielvogel, CC0)

Willème hatte die LD-Serie für Schwerlastanwendungen und Ölfelder im Angebot, hier bis 100 Tonnen Zuggewicht. (Foto: © Hersteller)

SPEZIALHERSTELLER

Außergewöhnliche Lasten verlangen ebensolche Transportlösungen, und es gibt kaum herausforderndere Aufgaben als den Transport von Schiffssektionen, Teilen für die Raumfahrt-Industrie und anderen unteilbaren Lasten. Für solche Projekte entwickelte die Industrie in den Achtzigern »Self Propelled Modular Transporters«, kurz SPMT genannt. Eine Stufe darunter angesiedelt sind »Self Propelled Transporters«, die SPT. Diese drei Meter breiten Plattformanhänger verfügen über ein separates Antriebsmodul.

Weltweit gibt es lediglich eine Handvoll Anbieter solcher Spezialsysteme, die bekanntesten – Kamag, Scheuerle, Nicolas – gehören zur TII-Group, während Cometto bei Faymonville unterschlüpfte. Gewaltige Nutzlasten schultern auch die Transportsysteme von Mammoet, Goldhofer und Nooteboom, wiewohl Letztere vor allem Tiefbettauflieger, Telesättel und dergleichen mehr herstellen. In diesem Kapitel schauen wir uns diese für kürzeste Distanzen ausgelegten Modultransporter einmal näher an.

Die 4500 Jahre alte Sonnenbarke des Pharaos Cheops war mit 20 Tonnen nicht schwer, aber so zerbrechlich, dass sie stark gesichert werden musste, um überhaupt erst auf den Kamag-Modulen transport werden zu können. (Foto: ©TII Scheuerle)

Goldhofer PST zum Transport schwerster Lasten. (Foto: © Goldhofer AG)

Vier Cometto-SPMT-Kombination mit insgesamt 44 Achslinien waren notwendig, um in Dubai den 510 Tonnen schweren Gasreaktor – 37 m lang, 10,2 m breit und 9,5 m hoch – zu befördern. (Foto: © Hersteller)

Der erste Stufe der Ariane 6 wird im März 2024 mit Cometto-SPMT zu ihrem Startplatz gefahren. (Foto: © Arianegroup)

Nach Überzeugung des Firmengründers waren die Cometto-Selbstfahrer allen Konkurrenten, insbesondere den deutschen, haushoch überlegen.

Herzstück der großen SPMT-Transportsysteme (Self-Propelled Modular Transporter) sind die im 360-Grad-Winkel lenkbaren Räder, dank derer sich die Transportplattformen auf der Stelle wenden können und jegliche Art von Rotations- und Seitwärtsbewegungen ausführen. Ebenfalls von überragender Bedeutung ist der hydraulische Achslastausgleich, um die Höhe der Plattform heben und senken zu können. Eine Transporteinheit ist 2,5 Meter breit und kann 4, 5, 6 oder 8 Achslinien umfassen. Diese Standard-Module können in nahezu beliebiger Anzahl aneinandergekoppelt werden. Konventionelle Zugmaschinen könnten das nicht leisten, daher verfügen die SPMT-Systeme über ankoppelbare Antriebseinheiten zur Versorgung der Hydraulik, um jedes einzelne Rad antreiben und lenken zu können.

COMETTO

Cometto, seit 2017 bei Faymonville angedockt und dort als Kompetenzzentrum für selbstfahrende Transportsysteme (Faymonville hatte bis zu dem Zeitpunkt ausschließlich unmotorisierte Schwerlastmodule im Angebot) fungierend, wurde 1954 in der italienischen Provinz Cuneo, gegründet. Seit 1962 in Borgo San Dalmazzo angesiedelt, wurde der Anlagenbauer mit rund 150 Mitarbeitern für seine Raketentransportsysteme bekannt.
Die ersten elektronisch gesteuerten Selbstfahrmodule präsentierte der Familienbetrieb 1976, vier Jahre später ging ein 3000-Tonnen-Selbstfahrer an einen japanischen Kunden. Bei dieser Expertise war es kein Wunder, dass die Italiener 1983 für die NASA das »Orbiter Transportation System« entwickelten und später auch den Zugschlag erhielten für weitere Raumfahrprojekte: »Vom Shuttle bis zur Falcon von Elon Musk setzt die Nasa … unsere Transporter ein. Wir haben uns darauf spezialisiert, mit außergewöhnlicher Logistik 15 Tausend Tonnen schwere Ungetüme zu transportieren«, sagte Fabrizio Lippi, Geschäftsführer von Industrie Cometto, bei einem Interview, nachdem bekannt geworden war, dass das Unternehmen aus dem Piemont den Zuschlag erhalten hatte, um die großen Triebwerke der europäischen Ariane-6-Rakete auf dem Weltraumbahnhof Kourou in Guayana umsetzen zu können. Industrie Cometto entwickelte dafür ein Transportsystem mit 42 Achslinien und 536 Tonnen Gesamtgewicht.
Cometto aber konnte (und kann) mehr, baut Werfttransporter bis 1000 Tonnen Last, verschiedenste Module mit bis zu 70 Tonnen Achslast ebenso wie auch Schlackentransporter. Doch die Raumfahrtaufträge sind das Aushängeschild des Unternehmens.
Daneben bietet Cometto weitere außergewöhnliche Transportlösungen. So haben die Italiener für ein Projekt in der Schweiz eine 300 Meter lange einteilige Autobahnbrücke zuerst zusammengesetzt und als Ganzes

an Ort und Stelle eingebaut: »Wir stellen alles selbst her, vom Entwurf bis zur Montage. Und es sind Produkte, die lange halten.«

Erste Neuentwicklung nach der Übernahme waren die 2018 präsentierten modularen MGSL-Achslinien für Transportaufgaben mit Nutzlasten von 50 bis zu 5000 Tonnen, wobei die technische Achslast pro Achslinie bei 45 Tonnen und einer Geschwindigkeit von 0,5 km/h liegt.

FAYMONVILLE

Cometto, das 150 Mitarbeiter in Borgo San Dalmazzo beschäftigt, kam nach 65 Jahren unter der Leitung der Gründerfamilie zur Faymonville-Gruppe, einem belgischen Mischkonzern mit nunmehr fünf Werken in Belgien, Luxemburg und Polen und dreistelligem Millionenumsatz.

Die Wurzeln von Faymonville liegen in der Dorfschmiede im deutschsprachigen Dörfchen Rochrath, das nach dem Ersten Weltkrieg dem Königreich Belgien zugeschlagen wurde. Im Zuge der Ardennenoffensive 1944 fast vollständig zerstört, hatte dort das Ackerpferd noch lange nicht ausgedient, und die Schmiede hatte mit Hufbeschlägen und dergleichen reichlich zu tun. 1960 ging das klassische Schmiedegeschäft immer mehr zurück, die Familie begann mit dem Verkauf von Landmaschinen, baute Traktorkabinen und Forstmaschinen für die regionale Kundschaft. Die Maschinen wurden immer größer und das Umsetzen schwieriger, daher ging Schmied Berthold Faymonville Ende der 1960er Jahre dazu über, Transportauflieger zu fertigen. Den Durchbruch schaffte der Hersteller 1973 durch den Bau von Tiefbettaufliegern für den Glastransport, den wichtigsten Industriezweig der Region. Weitere Spezialauflieger und Innenlader für die Glasindustrie folgten und machten 1988 einen Werksneubau nötig. Das Fahrzeugangebot wurde in den 1990ern ständig erweitert und die Nachfrage zog immer weiter an. Neue Produktionsstandorte in Luxemburg (2003) und Polen (2006) kamen hinzu. Im Laufe der Jahre wurden alle Werke in mehreren Phasen vergrößert. Heute beschäftigt das Familienunternehmen über 1300 Mitarbeiter und ist eine feste Größe im Bau von Semi-Tiefladern, Tiefladern, Modulfahrzeugen und selbstangetriebenen Fahrzeugen für die Spezial- und Schwerlastbranche. Geboten werden Transportlösungen für Lasten von 15 bis zu 25.000 Tonnen.

GOLDHOFER

Die heutige Goldhofer Aktiengesellschaft wurde erstmals im Jahr 1705 als Schmiede in Amendingen urkundlich erwähnt. Um 1900 begann dort die Produktion von Anhängern für die Landwirtschaft. 1946 wurde die »Allgäuer Fahrzeugwerke Alois Goldhofer KG« in 8. Generation gegründet. Das Unternehmen wuchs in den Nach-

Faymonville VarioMAX Tiefbettanhänger mit Pendelachsen zum Transport von über 70 t schweren Steinbrechern auf den schwierigen Straßen und Baustellen Finnlands. (Foto: © Faymonville)

Vom Hafen Arzew bis zu einem Standort im Südosten Algeriens musste die Kombination mit einem Gesamtgewicht von 184 Tonnen eine Strecke von 1.600 Kilometern zurücklegen. Chakour entschied sich für eine Kombination aus 10 modularen Achslinien ModulMAX G-SL von Faymonville. (Foto: © Faymonville)

Das norwegische Unternehmen Hydro Aluminium Metal nahm 2023 einen 10-achsigen Selbstfahrer (ModulMAX SP-E) in Betrieb, ausgelegt auf 250 Tonnen Nutzlast. Die Fahrzeugkombination, gebaut von Faymonville-Tochter Cometto, besteht aus einem 4-Achs-Modul mit Distanzstück und einem 6-Achs-Modul. Der Führerstand wurde aus Platzgründen auf das 372 kW starke Powerpack mit seinen beiden Tier-5-Dieselmotoren gesetzt. (Foto: © Hersteller)

Goldhofer Semitrailer für den Transport von Baumaschinen. (Foto: © Goldhofer)

Goldhofer SPMT: Windrad-Nabe auf einem Selbstfahrer der PMT-Baureihe). (Foto: © Klaas Eissens)

Transportmodule für die Beförderungen schwerster Baumaschinen sind eine Goldhofer-Spezialität (Foto: © Goldhofer)

Goldhofer hat 1987 mit der Entwicklung von stangenlosen Flugzeugschleppern begonnen. Hier ein Vertreter der Phoenix-Reihe. (Foto: © Goldhofer)

kriegsjahren und begann in dieser Zeit mit der Herstellung von luftbereiften landwirtschaftlichen Anhängern.

Vom Tieflader zum Transportmodul

1952 dann der Geniestreich: Zum Transport schwerer Lasten (z.B. Bagger) wurden entsprechende Anhänger benötigt. Bei denen, welche zu dieser Zeit bereits am Markt waren, musste umständlich die Hinterachse ab- und dann wieder angebaut werden, um die Baumaschine auf dem Anhänger platzieren zu können. Um den Anwendern den Beladevorgang zu erleichtern, entwickelte Goldhofer zusammen mit dem Reifenhersteller Metzeler kleine, aber tragfähige 15-Zoll-Räder, die auch während des Beladens am Anhänger bleiben konnten: Der Bagger konnte einfach darüber hinwegfahren. In der Zeit des Wiederaufbaus führte diese Innovation zu einem explosionsartigen Anwachsen der Bestellungen. Weitere Tiefladerkonstruktionen folgten, so 1963 der Schwerlastanhänger mit mechanischem Achslastausgleich und mechanischer Lenkung (Typ TPA) oder 1971 der erste teleskopierbare Satteltieflader mit hydraulischer Verdränger-Lenkung. Die Transportsysteme wurden immer ausgefeilter. 1993 entstanden die ersten selbstfahrenden Schwerlastmodule mit elektronischer Vielweglenkung mit 4 x 6 Achslinien. Das sechsachsige Grundmodul erreichte mit insgesamt zwölf angetriebenen Pendelachsen eine Zugkraft von 820 kN, was im Verbund mit anderen lasttragenden Modulen ein Gesamtgewicht von 2000 t auf der Ebene bewältigen konnte. Der Antrieb erfolgte hydrostatisch. Heute bedient Goldhofer mit seinen Anhängern und modularen Transportsystemen Nutzlastbereiche von 20 bis weit über 10.000 Tonnen.

Die Flugzeugschlepper

Neben dem Anhängerbau ist die Produktion von Flugzeugschleppern das zweite wichtige Standbein der Firma. 1987 begann die Entwicklung von stangenlosen Flugzeugschleppern, die im Gegensatz zu den bisher genutzten Stangenschleppern das Bugfahrwerk des zu bewegenden Flugzeugs huckepack nehmen und damit auf eine zusätzliche Ballastierung verzichten konnten. Dies ermöglichte ein wesentlich schnelleres Rangieren der Flugzeuge. Anfangs auf 180 Tonnen Zuggewicht ausgelegt, hatte der Zwölf-Tonnen-Schlepper einen V10-Zylinder-Diesel-Typ mit 280 PS von Klöckner-Humbold-Deutz KHD. 1991 entstand auf Anforderung des bisherigen Entwicklungspartners Swissair der erste stangenlose Flugzeugschlepper von Goldhofer, der AST-1 F 840 mit zwei Sechszylinder-Dieselmotoren und 840 PS Gesamtleistung. Damit konnten Großraum-Flugzeuge (damals Boeing 747, 400 Tonnen Abfluggewicht) bewegt werden. In den folgenden Jahren wuchs die Palette an Flugzeugschleppern ständig weiter und führte 2005 zur

Entwicklung und zum Bau des größten stangenlosen Flugzeugschleppers der Welt. Um den Airbus A380 mit seinen 600 Tonnen Gewicht ausreichend schnell bewegen zu können, entwickelte Goldhofer den dreiachsigen AST-1 X. Ausgerüstet mit zwei V8-Diesel und insgesamt 1200 PS erreichte der AST-1 X auch mit dem A380 im Gepäck immer noch seine Maximalgeschwindigkeit von 30 km/h. Dank der Allradlenkung ließ sich der 4,5 Meter breite und gut elf Meter lange Dreiachser fast auf dem Teller wenden.

2013 übernahm Goldhofer die 1948 gegründete Firma Schopf Maschinenbau GmbH in Ostfildern, die 1982 einen ersten Flugzeugschlepper mit Elektroantrieb vorstellte. Schopf baut, anders als Goldhofer, konventionelle, also mit Stange und Ballastgewichten arbeitende Flugzeugschlepper, dazu Verlade- und Transportschlepper für das Flughafenvorfeld sowie weitere Spezialfahrzeuge wie Lader für den Untertagebau. Bestückt werden diese mit Diesel-, Gas-, Elektro- und Hybrid-Antrieben.

MAMMOET

Die Geschichte von Mammoet begann am 13. Mai 1807 in den Niederlanden, nachdem der Skipper Jan Goedkoop (1781–1855) im Alter von 25 Jahren ein 140-Tonnen-Frachtschiff gekauft hatte. Aus diesen bescheidenen Anfängen entwickelte sich eine kleine Reederei, die mit ihren Binnenschiffen auf den Flüssen in den Niederlanden und angrenzenden Belgien alle möglichen Frachten beförderte. Später kamen Hafenschlepper dazu, 1922 wurde eine AG gegründet, die nach 1945 zunächst mit der Bergung von Schiffswracks im Isselmeer und in Hafenbecken beschäftigt war. Das erforderte auch schweres Hebezeug. 1971 brachte die Reederei Goedkoop drei Hafenschlepper in ein neues Gemeinschaftsunternehmen ein. Weitere Partner der neuen Firma »Mammoet Transport« waren die Schwerlastspeditionen van Wezel in Hengelo sowie, 1972, Stoof in Breda, beide gute Kunden des niederländischen Lkw-Bauers FTF. Doch während die Reederei 1999 erlosch, gedieh Mammoet prächtig und wurde, nachdem Mammoet eine Tochtergesellschaft der Koninklijke Nederlandse Stoomboot-Maatschappij (KNSM) in Amsterdam geworden war, zu einer der wichtigsten Speditionen weltweit für den Transport von Schiffen und Schiffsmodulen auf Werften und Hafengelände.

Eigene SPMT-Module

Dafür hat Mammoet die Mammoet Shipping gegründet, und in diesem Kontext entstand auch 1983 in Zusammenarbeit mit Scheuerle ein SPMT-Modultransportsystem, zunächst für den Containerumschlag, das heute als Standardequipment branchenweit verbreitet ist.

Im Jahr 2000 wurde Mammoet von Van Seumeren Kra-

Mammoet, Stoof und van Wezel legten die Basis für die heutige Firma Mammoet, den weltweit führenden Anbieter von Schwerlasttransporten. (Foto: © Hersteller)

MAN H95 mit Schwerlastauflieger von Scheuerle/TII-Group. (Foto: © Alf van Beem, CC0)

Scania 164G mit Fassi-Kran in Diensten von Mammoet beziehungsweise Van Seumeren, da das Unternehmen seit 2000 zu diesem Kran-Spezialisten gehört. (Foto: © Ralf Weinreich)

Wenn irgendwo große Elemente oder ganze Brücken einzusetzen sind, ist Mammoet nicht weit. Die Niederländer haben das ABC-Verfahren (Accelerated Bridge Construction) so weit perfektioniert, dass nur minimale Unterbrechungen den Verkehrsfluss hemmen. Voraussetzung für Transport und Installation der Elemente sind die JS500-Hubsysteme auf SPMTs. (Foto: © kyivcity.gov.ua / CC-BY-SA 4.0)

Altéad Boats transportierte rund 3.000 Boote pro Jahr. Für den Transport von Katamaranen mussten Nooteboom-Tieflader mit Hubhydraulik verwendet werden. (Foto: © Hersteller)

Nooteboom MEGA WINDMILL TRANSPORTER bestehend aus zwei hydraulisch verstellbaren Hub-Adaptern. Der vordere Hub-Adapter ruht mit einem Drehpunkt auf einem dreiachsigen Jeepdolly, der hintere auf einem 7-achsigen, hydraulisch gelenkten NLD-Nachlaufdolly. (Foto: © Cjp24 CC-BY-SA 4.0)

Prospekt mit Nooteboom-Baggerbrücke und FTF-Zugmaschine, um 1980. (Foto: © Scheuerle/TII Group)

Actros 3359, 1997, mit Nooteboom-Plateauauflieger und zwangsgelenkten Achsen zum Transport von Kranballast. (Foto: © Hersteller)

anbedrijf, einem 1966 gegründeten Unternehmen für Bergungen und Anbieter von Hebezeugen übernommen. Die Firma mit Hauptsitz in Utrecht war der Hauptkonkurrent von Mammoet im Bereich Berge- und Kranarbeiten gewesen. Gemeinsam hoben die Niederländer 2001 das 3000-Tonnen-Wrack des gesunkenen russischen Atom-U-Boots »Kursk«. Im selben Jahr verkaufte Van Seumeren die Mammoet Shipping weiter und fünf Jahre später alle Mammoet-Anteile an die niederländische SHV Holding, einen familiengeführten Mischkonzern mit weltweit 55.000 Mitarbeitern.

Seit 2020 Weltmarktführer

Im Jahr 2020 fusionierte Mammoet mit dem britischen Unternehmen ALE, Mammoet ist heute unbestrittener Weltmarktführer für schwere Hebe- und Transportarbeiten. Das Equipment umfasst Krane in jeder Größenordnung – von Minikranen mit vier Tonnen Hublast bis hin zu Ringkranen mit 5000 Tonnen –, alle Arten von Kesselbrücken, Schwerlastaufliegern, SPMT und Schwerlastzugmaschinen. Dabei handelt es sich in der Hauptsache um Mercedes-Benz Actros, MAN TGX, aber auch Kenworth und Western Star. Mammoet hat aber auch eine eigene Maschine. Diese 700 PS starke »Trojan«-Schwerlastzugmaschine mit Volvo-Schiffsdiesel von 2014 wiegt 72 Tonnen schafft als Trojan 8870 (= 8x8, 700 PS) rund 300 Tonnen Zuggesamtgewicht. Gebaut wurden sechs Stück, zwei für Einsätze im Oman. Wenn mehrere Fahrzeuge gekoppelt sind, übernimmt Kollege Computer die Abstimmung und Synchronisation der ziehenden Einheiten.

NOOTEBOOM

Nooteboom gehört zu den bekanntesten Herstellern von Schwerlast-Anhängern und Aufliegern für Lasten von 20 bis 200 Tonnen. Gegründet 1881 als Dorfschmiede in der Nähe von Rotterdam, vollzog 1921 Willems Sohn Henk Nooteboom den Schritt vom Handwerksbetrieb hin zum Aufbauhersteller, vor allem für den Transport von Mensch und Tier.

Die dritte Nooteboom-Generation übernahm 1939 das Ruder und gehörte zu den ersten Anbietern von Landwirtschaftsanhängern mit Luftreifen und kugelgelagerten Rädern. Pro Woche wurden ein bis zwei Anhänger gebaut und verkauft, die Nachfrage wuchs und das 10-Mann-Unternehmen begann mit der Fertigung von Hydraulikkippern. Dann kam die Flutkatastrophe in der Provinz Zeeland, gefragt waren jetzt Transportanhänger für schweres Baugerät: 1953 entwickelte Nooteboom den ersten eigenen Tieflader mit abnehmbaren Achsen. Als Anton Nooteboom auf die Idee kam, seine Tieflader mit ausschwenkbaren Rädern auszurüsten – was ungemein praktisch, weil zeitsparend und damit wirtschaftlich war – erfand der Niederländer das Genre quasi neu: Nooteboom stieg mit dieser Innovation auf in die oberste Liga im Bau von Spezialanhängern und Tiefladern, die niederländische Armee orderte gleich 30 Panzertransporter. Inzwischen beschäftigt der Familienbetrieb über 500 Mitarbeiter und gehört zu den wichtigsten Anbietern von antriebslosen Anhängern. Das Produktportfolio umfasst neben klassischen Tiefladern mit bis zu zehn Achslinien, ausziehbare Radmulden-Semi-Tieflader und Transportlösungen für Windkraftanlagen.

TII-GROUP

Gründer der TII-Group, der Transporter Industry International GmbH nach eigenen Angaben Weltmarktführer im Bereich von Transportlösungen über 100 Tonnen Traglast, ist der im schwäbischen Holzmühle bei Ellwangen an der Jagst geborene Otto Rettenmaier (1926–2020). Zusammen mit seinem Bruder leitete er ab 1950 den elterlichen Betrieb zur Erzeugung von Faserstoffen und formte ihn zum Weltmarktführer. »Aus technischer Faszination«, wie der Heilbronner Unternehmer später sagte, übernahm er 1988 die Firma Scheuerle und legte damit das Fundament für die TII Group.

SCHEUERLE

Die Fahrzeugfabrik Scheuerle geht zurück auf das Jahr 1869, als Christian Scheuerle in Pfedelbach eine Schmiedewerkstatt eröffnete. Pfedelbach liegt im Heilbronner Unterland, und was so nach sterbenslangweiliger Provinz klingt, hat eine beachtliche Dichte an Firmen von Weltruf hervorgebracht: Die Firma NSU etwa, einst größter Motorradhersteller der Welt, stand keine 30 Kilometer entfernt, und Wolffkran, die Firma, die den modernen Gittermastkran erfunden hat, ist auch nur einen Steinwurf entfernt.

Das Schwabenland ist also nicht das schlechteste Pflaster für tüchtige Tüftler. Und ein solcher war Christians Enkel Willy, der 1949 den ersten modernen Tieflader mit abfahrbaren Fahrwerken und Allradlenkung entwickelte. Der nächste Meilenstein bestand 1956 in der Einführung der hydraulischen Pendelachse – ein hydraulischer Achsausgleich für den Transport von Nutzlasten bis zu 500 Tonnen –, im Jahr darauf kamen erste selbstfahrende Schwermodule: Die Scheuerle Plattform-Wagen der »K«-Reihe (K stand für die neuartige Kurbelachs-Aufhängung) mit 15-Zoll-Vollgummireifen revolutionierte den Markt; als wegen des Baus des Nilstaudamms der Felsentempel von Abu Simbel verlegt werden musste, reiste Ramses mit Scheuerle-Schwerlasttransportern. 1972 präsentierte Scheuerle Schwerlastmodule mit elektronischer Vielweglenkung. Dabei konnten die Pendelachsen über das Lenkrad in der Kabine in eine 90°-Position gedreht werden. 1983 schließlich kam mit

Modularer Plattformwagen K 25 von Scheuerle.
(Foto: © Scheuerle/TII)

Dieses Transportsystem – Scheuerle-Kamag K25 H PB – hat zuschaltbare Antriebsachsen und kann mit 80 km/h geschleppt oder von einer ebenfalls zuschaltbaren PowerPack Unit (PPU) angetrieben werden. Daher ist nicht in jedem Fall eine Zugmaschine nötig, innerbetriebliche Transporte lassen sich auch per Fernsteuerung erledigen. (Foto: © Scheuerle/TII Group)

Der Scheuerle Interkombi ist mit verschiedenen Achsausführungen zu haben. (Foto: © Scheuerle/TII Group)

Der Highway Giant kommt bei übergroßen Lasten in Nordamerika zum Einsatz. Für den Rückweg wird das Transportsystem auf Standard-Lkw verladen, das spart teure Genehmigungen. (Foto: © Scheuerle/TII Group)

Letzte Vorbereitungen, bevor die Orion die Halle verlässt. Der Antrieb des Transportfahrzeugs innerhalb der Halle erfolgt elektrisch. Dazu wird das SCT an die 480-V-Wechselstromanlage der Halle angeschlossen, außerhalb rollt das Modul per Dieselhydraulik. Das Modul ist 20 m lang und 6,50 m breit; Gesamtgewicht 78 Tonnen. (Foto: © NASA)

KAMAG IHT (Industrie Hub Transporter) für den saudiarabischen Stahlproduzenten Hadeed. Der dreiachsige Knicklenker mit Oberflurkabine bietet eine Nutzlast von 150 Tonnen. Aufnahme vom Dezember 2023. (Foto: © KAMAG/TII Group)

Das Orion-Raumschiff für die Artemis-I-Mission wird am 10. Juli 2021 von der Multi-Payload Processing Facility des Kennedy Space Center zur Launch Abort System Facility des Weltraumbahnhofs Florida transportiert. Das Kamag-System ist Baujahr 2000-2001, wurde überholt und dann an die Nasa verkauft. (Foto: © NASA)

Der Tractomas TR 8x8 D75 wird im französischen Champs-sur-Yonne gebaut. Dieser Standort übernimmt im Rahmen der Gruppe aber auch Instandsetzungen von Transportfahrzeugen. (Foto: © ampnet/A. Kappel)

dem SPMT (Self-Propelled Modular Transporter im Containermaß) ein Transportsystem auf den Markt, das die Schwertransportszene revolutionierte.
1987 stieg Otto Rettenmaier in das bisherige Familienunternehmen ein, ohne die grundsätzliche Ausrichtung zu ändern: Scheuerle blieb der Spezialist für schwerste Lasten. So stellte man 2003 eine Schiffsektionstransporter-Kombination für den Transport von bis zu 6000 t schweren Megablocks in der Werft vor, transportierte 2017 eine 17.200 t schwere Öl- und Gasplattform offroad mit SPMT, brachte 2009 mit dem »Power-Booster« einen Zusatzantrieb zur Unterstützung der Zugmaschine im Transportmodul unter und stellte 2014 den weltweit größten Schiffsektionstransporter mit 1300 t Nutzlast und 270 m^2 Ladefläche vor.
Ein weiteres Spezialgebiet sind Transportlösungen für Windkraftanlagen, dank derer sich bis zu 150 Meter lange Rotorblätter ans Ziel bringen und aufstellen lassen: Insgesamt sind rund 500 Mitarbeiter damit beschäftigt, immer neue Transportfahrzeuge mit und ohne Antrieb für schwerste Lasten auf oder abseits von öffentlichen Straßen auszutüfteln und umzusetzen.

KAMAG

Seit 2004 gehört auch die Firma Kamag in Ulm zum inzwischen rund 1100 Mitarbeiter umfassenden Schwerlast-Imperium des Otto Rettenmaier. Die 1969 gegründete Firma für Transporttechnik ist spezialisiert auf Fahrzeuge und Modultransporter für Werften, Stahlkocher und Luft- und Raumfahrtunternehmen, 1979 etwa erhielt Kamag von der NASA den Auftrag, Transportmodule für die Raumschiffe zu bauen, etwa um die Kraftstofftanks der Space Shuttles verfahren zu können. Und für die Sowjetunion entwickelte man einen hydrostatisch angetriebenen Schlackentransporter – Schwerlastaufgaben sind unabhängig von jeder Ideologie. Außerdem gibt es Logistiktransporter für das schnelle Umsetzen von Wechselbrücken und weiteren Fahrzeugen für die Terminallogistik, wobei der Mercedes Atego dem hydrostatisch angetriebenen »Kamag Wiesel« Komponenten und Kabine spendiert.

NICOLAS

Der Werdegang des französischen Traditionsherstellers in Auxerre ähnelt dem von Scheuerle. 1855 gegründet, begann nach dem Krieg die Serienproduktion von Trailern, Tiefladern und hydraulisch abgestützten Fahrzeugmodulen. In den Sechzigern lief die Serienfertigung modularer Straßenfahrzeuge an. Besonders spektakulär geriet aber der »Tractomas« 10x10 für den Tagebau mit vier Kippmulden für 350 Tonnen Ladung. 1995 übernahm die TII-Group den französischen Schwerlast-Spezialisten.

AUSSERGEWÖHNLICHE SCHWERTRANSPORTE

Schwertransporte werden weltweit durchgeführt: Kraftwerksteile, Transformatoren, Kessel, Gasreaktoren oder auch Windenergieanlagen werden überall gebraucht. Mitunter aber gibt es auch Transporte, die so völlig aus dem Rahmen fallen. Einige wenige von ihnen stellen wir hier vor.

Ein Kapitel für sich, aber leider nicht genug Platz, um davon zu berichten: Erdölsuche und Förderung mit solchen Big Rig.
(Foto © Ruiqianhe CC-BY-SA 3.0)

WINDKRAFTANLAGEN

Die am häufigsten auf unseren Fernstraßen anzutreffenden Schwertransporte sind die von Großwindanlagen. Bekanntlich kommt diesen Anlagen eine Schlüsselrolle bei der Energiewende zu, daher wird der Ausbau vorangetrieben, in Europa ebenso wie auch weltweit. Der große Vorteil einer solchen Anlage: Wind kostet nichts. Der Nachteil: Er weht, wann und wo er will.

Herzstück einer Windkraftanlage sind die mit Glas- oder Karbonfasern verstärkten Rotorblätter. Die sind so geformt, dass die Bewegungsenergie des Windes in mechanische Rotationsenergie umgewandelt werden kann. Das muss man sich ein wenig vorstellen wie bei einem Flugzeug, bei dem das Tragflächenprofil den Auftrieb bestimmt. So ist es auch beim Rotor: Die Windströmung an den aerodynamisch geformten Rotorblättern erzeugt einen Auftrieb, der den Rotor in Rotation versetzt. In der Gondel, dem Maschinenhaus oben auf dem Turm, ist dieser Rotor mit einem Generator verbunden. Die vom Wind verursachte mechanische Rotationsenergie wird dann im Generator in elektrische Energie umgewandelt, wie wir das von den alten Fahrraddynamos kennen. Billig ist das nicht, selbst ein kleineres Windrad kostete locker eine halbe bis dreiviertel Million Euro.

Andererseits: Sobald der Wind mit mindestens 3-4,5 Metern pro Sekunde (m/s) weht, schalten sich die Anlagen ein. Durch die drehbare Gondel stehen die Rotoren immer im Wind, bereits ab drei Umdrehungen pro Minute ist ein Windrad effizient. Entscheidend für den Stromertrag sind aber vor allem hohe mittlere Windgeschwindigkeiten und die Größe der Rotorfläche: Je höher die Windenergieanlage und je länger die Rotorblätter, desto besser die Ernte vor Ort aus. Ein modernes Windrad ist im Durchschnitt 90 bis 130 m hoch (Nabenhöhe), der Rotordurchmesser liegt bei bis zu 90 bis 100 Meter und die Nennleistung bei 2–5 Megawatt (MW), offshore (im Meer) bis zu 15 MW. Doch es geht noch größer: Bis zu 240 m hoch können sie inklusive Rotorblättern werden. Eines der größten Windräder der Welt steht in der Nähe von Stuttgart und kommt auf 246,5 Meter Höhe.

Der EnBW-Windpark Prötzel II

Die logistischen Schwierigkeiten beim Bau einer Windkraftanlage an Land sind beträchtlich. Ein schönes Beispiel ist die Windkraftanlage des Energieversorgers EnBW im brandenburgischen Prötzel, 50 Kilometer nordöstlich von Berlin. Im dortigen, neun Windkraftanlagen umfassenden Windpark thronen die Gondeln in luftigen 160 Metern Höhe, doch um diese dorthin zu schaffen, waren umfangreiche Vorarbeiten zu bewältigen müssen. Die größten und längsten Bauteile einer Windkraftanlage sind die drei Rotorblätter, in dem Fall jeweils 70 Meter lang. Sie müssen, ebenso wie die anderen Großkomponenten für ein Windrad, auf Schwerlasttransportern an ihren Zielort gebracht werden, wobei nicht wenige Windkraftanlagen aus Dänemark zugeliefert werden. So auch in diesem Fall: Sie stammen von Vestas. Das Unternehmen an der dänischen Westküste, 1898 als Dorfschmiede gegründet und nach dem Zweiten Weltkrieg im Aufbau von Lkw-Kranen tätig, hatte in den Siebzigern diversifiziert und 1979 die erste Windkraftanlage mit 10-Meter-Rotor vorgestellt. Inzwischen gehört das Unternehmen zu den Weltmarktführern.

Besondere Technik erforderlich

Schwerlasttransporte sind genehmigungspflichtig. Im Fall des EnBW-Windparks mussten 27 Rotorblätter transportiert werden, jedes davon 62,5 Meter lang und fast 15 Tonnen schwer. Mit einer solchen Ladung hat jeder Transport eine beeindruckende Länge von über 90 Metern. Unerlässlich für den sicheren Transport der Rotorblätter ist ein sogenanntes Rotorblatt-Transportsystem (bei TII Scheuerle heißt dieses »RBTS«). Im Prinzip bestehen solche Systeme aus einer Freidreheinrichtung zur Aufnahme der Flügelwurzel samt Wurzeladapter und -rahmen sowie einer Klemmvorrichtung für die Flügelspitzen auf einem Nachläufer. Die Freidreheinrichtung kann auf einem Jeep-Dolly montiert sein oder direkt auf der Sattelzugmaschine, die dann aber wegen der Sattellasten nur in seltensten Fällen mit drei Achsen auskommt. Meistens sind vier oder gar fünf Achsen erforderlich. Solche Systeme sind wendiger als normale Telesattel-Systeme und erfüllen bei Leerfahrten die für Standard-Sattelzüge üblichen Dimensionen, sie unterliegen dann lediglich den für alle Vierzigtonner gültigen Beschränkungen.

Lange Genehmigungsverfahren

Doch keine Straße in Deutschland ist auf Transporte dieser Länge und Breite ausgelegt – einer der Gründe, warum solche Transporte vornehmlich nachts zwischen 22 Uhr und 6 Uhr stattfinden und die Straßen für den

1999 gründeten Michael Wahl und Torsten Szielasko die »Gesellschaft für Alternative Ingenieurtechnische Anwendungen«, kurz GAIA mbH. Das Unternehmen zählt somit zu den Wegbereitern der Energiewende in Deutschland und den führenden Planungsbüros für Windenergie- und Photovoltaikanlagen im Südwesten der Republik. Inzwischen erzeugen Windenergieanlagen der Firma rund 290 MW Strom. (Foto © GAIA)

Mit solchen Transportsystemen lassen sich alle Rotorblatttypen transportieren. Diese Kombination, bestehend aus einem 2-Achs-Jeep-Dolly, einer Freidreheinrichtung mit einem Root-Adapter plus einem 4-Achs-Trailer als Nachläufer oder wahlweise einem Freidreher, der direkt mit der Zugmaschine gekoppelt ist, plus einem Nachläufer, stammt von der TII Group (Scheuerle). Für Leerfahrten wird der Nachläufer direkt an den Freidreher gekoppelt und unterschreitet damit die Gesamtzuglänge von 16,5 Metern. (Foto © TII Scheuerle)

Für den Bau des Windparks Prötzel II benötigte die EnBW 27 Rotorblätter, jedes davon 62,5 Meter lang und fast 15 Tonnen schwer. Für den Transport dieser Flügel sind spezielle Rotorblattadapter und Rotorblatt-Transportsysteme RBTS erforderlich. Auch in diesem Falle stammten diese von TII Scheuerle. (Foto © EnBW)

Ein Sattelzug mit Rotorblatt bringt es auf rund 96 Meter Länge und wiegt in Kombination mit dem Ladegut bis 65 Tonnen. Für den Aufbau sind weitere Schwerlastfahrzeuge erforderlich. Krandienstleister MSG bringt Kräne wie den Manitowoc Crane GMK 5150-L oder den Liebherr LTM 1200-5.1 zum Einsatz, oft auch beide gleichzeitig. (Foto © EnBW)

Verkehr teilweise gesperrt oder sogar umgebaut werden müssen: Da werden Ampeln und Verkehrsschilder ab- und wieder aufgebaut, Kreisverkehre kurzzeitig außer Kraft gesetzt – und in seltenen Fällen werden sogar behelfsmäßige Autobahnausfahrten errichtet. Sobald die Kolonne aus blinkenden Warnfahrzeugen und überlangen Lkws durch ist, beginnt der Rückbau.

Die Grundlage für diese logistische Meisterleistung liefert die sogenannte Streckenstudie. Sie wird vom Anlagen-Hersteller – in dem Fall Vestas – durchgeführt, denn er weiß ganz genau, wie die einzelnen Bauteile aussehen. Die Strecke wird dabei stets für das längste Teil – also die Rotorblätter – geplant. Das heißt: Schaffen die Rotorblätter eine Kurve, dann sind die übrigen Bauteile gar kein Problem mehr. Allerdings ist dann noch das Problem mit Lichtraumprofilen, Brückenunterführungen und dergleichen mehr. Und die bereits vormontierte Gondel kann ein Gewicht von 109 Tonnen erreichen. Bei solchen Lasten werden mehrere ziehende und schiebende Einheiten, je nach Streckenbeschaffenheit.

Geringfügig einfacher sind die Transporte auf der Autobahn, enge Radien und Ortsdurchfahrten gibt es keine. Aber Brücken, deren Durchfahrthöhe beachtet werden muss, und Vollsperrungen, welche die Autofahrer nerven und die umliegenden Ortschaften im Verkehr ersticken lassen, die gibt es auch. Für so manchen Schwerlasttransport über die Autobahnen ist eine Vollsperrung erforderlich, und die Autobahn GmbH als genehmigende Behörde tut sich damit oft ziemlich schwer. Da lassen die Genehmigungen dann gerne auch mal auf sich warten – im Fall der Vollsperrung für Prötzel II dauerte es mehrere Jahre, bis die Erlaubnis für den Windradtransport gegeben war. Nicht einfacher wird es auch, wenn bei dem Transport über Land auch private Grundstücke befahren werden müssen, denn auch hier geht ohne Zustimmung der Eigentümer nichts. Deshalb beginnen die Planungen für eine derartige logistische Herausforderung meist schon Jahre vor der Nacht, in der das Rotorblatt dann tatsächlich durch den Ort gefahren wird.

Hohe Investitionen erforderlich

Für den Bau eines Windrads sind rund 15 Schwertransporte erforderlich, und dann sollte der Aufbau vor Ort auch zügig vonstatten gehen, schließlich kostet ein Kran rund 15.000 Euro pro Tag.

Auch die Gründung, also das Fundament eines Windrads, ist nicht ganz ohne: Ein Standard-Windrad in der 130-Meter-Klasse erfordert, ganz grob gerechnet, rund 650 Tonnen Beton und rund 90 Tonnen Stahl zur Bewehrung. Bei größeren Anlagen können aber auch 1000 und mehr Tonnen Beton in die Schalung fließen. Anfang der 2020er Jahre kostete der Bau einer Standard-Windkraftanlage rund 600.000–700.000 Euro.

EINE LUFTFRACHT DER BESONDEREN ART

Lange Zeit galt die Boeing 747 als das größte Verkehrsflugzeug der Welt mit einer Länge von 70,4 Metern, auch bekannt als »Jumbo Jet«. Je nach Modell liegt das Abfluggewicht bei 330 bis 440 Tonnen, und leer sind es immer noch mindestens 172 Tonnen. Damit bewegt sich ein leerer Jumbo bereits in einem für einen Schwertransport üblichen Rahmen – was nicht bedeuten soll, dass die Transportaufgabe weniger anspruchsvoll wäre.

Heute thront sie in 20 Metern Höhe auf dem Freigelände im Technik Museum Speyer – die Boeing 747-200 mit der Werksnummer 21588 und der Kennung D-ABYM. Das Flugzeug wurde am 20. Oktober 1978 für einen Kaufpreis von 125 Millionen Mark vom Boeing-Werk Everett an die Lufthansa ausgeliefert. Nur wenige Tage später, am 1. November, erfolgte der erste reguläre Passagierflug von Frankfurt nach Boston und Philadelphia. Später taufte Margot Stoltenberg, Witwe des früheren Ministerpräsidenten Gerhard Stoltenberg, den Jumbo auf den Namen »Schleswig-Holstein«.

23 Jahre, 96.000 Betriebsstunden und 16.373 Starts und Landungen später erfolgte der letzte Flug der »Yankee Mike« (Bezeichnung nach den beiden letzten Zeichen ihrer amtlichen Kennung YM) am 15. Oktober 2001 aus Mumbai kommend. Der stolze Jumbo gelangte dann in den Besitz der Technik Museen Sinsheim Speyer, bestehend aus zwei privat geführten Museen. Dort erfuhr man über das engagierte Unterstützer-Netzwerk von der geplanten Ausmusterung und konnte die 747-200 für den symbolischen Preis von einem Euro erwerben.

Damit hatte man zwar einen Jumbo, aber der sollte ja zum Museumsstandort Speyer. Und das war keine leichte Aufgabe, denn »Yankee Mike« hatte eine Länge von 70,51 Metern, eine Spannweite von 59,64 Metern und eine Höhe von 19,33 Metern sowie ein Leergewicht von etwa 172 Tonnen. Daher setzten sich das Werkstattteam des Museums sowie die Schwerlast-Spezialisten von Scholpp und Kübler zusammen und tüftelten einen Transportplan aus. Am 28. Januar 2002 dann – es lagen graue, tiefhängende Wolken über dem Flughafen Karlsruhe/Baden-Baden, dem nächstgelegenen Jumbotauglichen Airport – landete »Yankee Mike« ein letztes Mal und wurde für seine letzte Reise in das rund 90 Kilometer entfernt liegende Museum vorbereitet. Dazu entnahmen Techniker der Lufthansa mehr als 1.000 Bauteile aus dem Flieger, um diese wieder in den Materialkreislauf der Fluggesellschaft zurückzuführen. Zu diesen zählten auch die vier mächtigen General-Electric-Triebwerke sowie diverse kleinere Komponenten.

Anschließend wurden der rund 70 Meter lange Rumpf und weitere Teile auf Tieflader verladen. Für die anschließende Fahrt zur NATO-Rampe am Rheinufer bei Söllingen musste der Kommunale Dienst Verkehrsschilder abmontieren, Stromleitungen abhängen und Straßenlaternen entfernen. Am frühen Sonntagmorgen des 24. März glitt der Jumbo schließlich über den Rhein. Um die Schleuse bei Iffezheim zu passieren, musste der Ponton mehrere Hundert Tonnen Wasser aufnehmen, was den Tiefgang erhöhte. Bis zur Brücke bei Germersheim musste kontinuierlich wieder Wasser abgelassen werden, damit der Ponton nicht zu tief im Wasser lag, der Flugzeugrumpf aber trotzdem noch unter der Brücke hindurchpasste. Der Transport auf dem Rhein wurde zu einer Millimeterarbeit, die einen ganzen Tag in Anspruch nahm.

Ein Jumbo in der Innenstadt

Am folgenden Tag säumten Tausende Zuschauer während des spannenden letzten Transportabschnitts die gesperrten Straßen in Speyer. Für die Strecke vom Rheinufer nach Speyer benötigte das Team einen weiteren ganzen Tag, da auch im Stadtgebiet Herausforderungen warteten: Bei der Speyerer Feuerwache zum Beispiel waren die Kurven so eng, sodass zunächst erwogen wurde, den 70 Meter langen Flugzeugrumpf mit Riesenkränen über das Feuerwehrhaus zu hieven, was dann zum Glück doch nicht notwendig werden sollte. Auf dem Museumsgelände war bereits vorsorglich ein Gebäude abgerissen worden, dort begann dann Ostern 2002 der achtwöchige Wiederzusammenbau der »Yankee Mike« – mit ausgefahrenem Fahrwerk in einer Höhe von 20 Metern. Zudem sollte der Riesenvogel den Museumsbesuchern zugänglich gemacht werden. Daher mussten zunächst Fundamente für die Trägerkonstruktion und Stützen gefertigt werden. Als Ingenieur

Für den Transport des Flugzeugrumpfes und der Tragflächen über Land war die Sperrung der Autobahn sowie mehrerer Straßen erforderlich. (Foto © Technik Museum Speyer)

Bei einer Spannweite von knapp 60 Metern war klar, dass die Flügel abmontiert werden mussten. (Foto © Technik Museum Speyer)

Nachdem der Jumbo auf dem ehemaligen kanadischen Militärflugplatz Karlsruhe/Söllingen gelandet war, wurden zunächst Tragflächen und Leitwerk demontiert und per Tieflader auf der Straße nach Speyer gebracht. Beim etwa 70 Meter langen Rumpf gelang das aber nicht, da wurde der Großteil der Strecke auf dem Wasser zurückgelegt. (Foto © Technik Museum Speyer)

Der wieder zusammengesetzte Jumbo wurde mit Hilfe von Kränen auf sein Gestell gehievt. (Foto © Technik Museum Speyer)

Vom Jumbo aus haben die Besucher einen guten Überblick über das Museumsgelände und die angrenzende Stadt Speyer. Die linke Tragfläche ist begehbar. (Foto © Technik Museum Speyer)

Wie beim U17-Transport ein Vierteljahrhundert später wurde im Speyerer Naturhafen der Rumpf mit Kränen auf einen Tieflader gehoben. Festgezurrt und gesichert, setzte sich der Koloss, gezogen von der Kübler-Titan-SLT dann im Schritttempo in Bewegung Richtung Speyer. (Foto © Technik Museum Speyer)

und Technikenthusiast ließ es sich Museumschef Werner Layher nicht nehmen, höchstpersönlich die Konstruktionsarbeiten zu übernehmen.
Beim Wiederzusammenbau im Innenraum des Jumbos wurde, um einen Eindruck vom komplexen Innenleben eines solchen Großraumflugzeuges und seiner enormen Ausmaße zu vermitteln, auf einen Teil der Verkleidung verzichtet, außerdem wurden der Frachtraum und die linke Tragfläche zugänglich gemacht.
Gut ein Jahr dauerten die Arbeiten in Speyer, doch an einem strahlend hellen und warmen Vormittag hoben schließlich drei riesige Kräne die frisch gereinigte »Yankee Mike« auf ihren Standplatz. Seit dem 18. April 2003 ist der Jumbo für die Besucher geöffnet und ein weiterer Publikumsmagnet dieses Ausnahme-Museums.
(Mit Material der Technik Museen Sinsheim Speyer)

Ohne Kräne geht es nicht: in dem Fall stellte diese die Firma Scholpp zur Verfügung. Die Unternehmensgruppe mit Hauptsitz in Dietzenbach bei Frankfurt/Main war 1956 gegründet worden und begann sich Anfang der 2000er als weltweit agierendenr Dienstleister für Industriemontagen zu etablieren. (Foto © Technik Museum Speyer)

PHARAO AUF REISEN

Bis zum Ende des 19. Jahrhunderts war man sich in Ägypten kaum des großen kulturellen Erbes bewusst, das die Pharonen hinterlassen hatten. Das änderte sich erst im neuen Jahrhundert. Doch Kulturerbe hin oder her: Was tun mit Denkmälern, die der gesellschaftlichen Weiterentwicklung im Wege stehen? In früheren Zeiten hätte man diese Zeugnisse der Vergangenheit abreißen müssen, doch Dank der fortschreitenden Transporttechnik eröffneten sich ganz neue Möglichkeiten.

Der Nil ist die Lebensader Ägyptens. Doch die ewige Wiederkehr von Hoch- und Niedrigwasser, von Überschwemmungen und Dürreperioden erwies sich als stetiges Hindernis für die Ernährung der stetig wachsenden Bevölkerung, daher begann die Briten als Kolonialmacht Ägyptens Ende des 19. Jahrhunderts mit dem Bau eines zweimal erhöhten, zuletzt 36 Meter hohen Staudammes bei Assuan. Assuan liegt knapp 950 Kilometer südlich von Kairo am östlichen Nilufer, es war vor allem wegen seiner Steinbrüche von Bedeutung. Hier sollten die Wassermassen des Nils reguliert werden, um das ganze Jahr über die Felder bewässern zu können. Schon bei diesen frühen Staudammprojekten waren historische Bauten aus der Zeit der Pharaonen in den Fluten versunken, doch die neuen Pläne der ägyptischen Regierung sprengten alle bis dahin dagewesenen Dimensionen: Der größte Damm der Welt sollte zu einem 600 Kilometer langen und 250 Kilometer breiten Stausee führen und die ägyptische Landwirtschaft ebenso befruchten wie völlig neue Industrien und Kraftwerke aus der Wüste stampfen: Ägypten wollte zur Industrienation werden.

Ein Damm der Superlative

Die ersten Pläne stammten von deutschen Ingenieuren und sahen einen Damm vor von 111 Metern Höhe, 3,5 Kilometern Länge quer zum Nil und einem Kilometer Dicke an seiner Basis unter Wasser. Auf der Dammkrone sollte eine Straße von 32 Metern Breite verlaufen. Zur Finanzierung wurde letztlich ein Konsortium gegründet, allein die USA wollten 46 Millionen Dollar zuschießen. Doch nach der Besetzung des Suezkanals 1956 kamen die Sowjets zum Zuge, 1960 begannen unter Federführung der Sowjets die Bauarbeiten an diesem Megaprojekt.
Der Stausee aber bedrohte den berühmten Tempel von Abu Simbel. Das über 3.200 Jahre alte Bauwerk aus der Pharaonenzeit, das Ramses II. und seiner Frau Nofretete gewidmet war stand dem Fortschritt im Wege und drohte daher in den Fluten zu versinken, die an dieser Stelle 62 Meter hoch aufgestaut werden sollten.

Die Figuren an der Felsfassade des Nil-Tempels von Abu Simbel weisen wahrhaft königliche Ausmaße auf. Einen Meter misst allein die Nase, vier Meter das Gesicht von Ohr zu Ohr, die kolossalen Figuren sind 20 Meter hoch. Die in die Uferfelsen eingehauenen Monumente aus nubischem Sandstein wogen rund 250.000 Tonnen, die lange favorisierte Idee, sie zu unterbauen und dann über 300 Hydraulikstempel allmählich nach oben zu stemmen, scheiterte an den Kosten. Sehr viel pragmatischer und kostengünstiger hingegen war der Vorschlag schwedischer Ingenieure, den Ramses-Tempel in 1.070 Blöcke von je 30 Tonnen Gewicht zu zersägen, stückweise auf ein rund 65 Meter höher gelegenes Plateau zu bringen und dort wieder originalgetreu zusammenzusetzen.

Ein Pharao zieht um

Im Frühjahr 1964 begannen unterhalb der riesigen Sitzstatuen die Bauarbeiten. 4000 Techniker und Arbeiter wurden eingeflogen, Lebensmittel und Medikamente,

Die Verlegung des Felsentempels war ein bis dahin nie dagewesener Kraftakt und vollzog sich vor dem Hintergrund des Kalten Krieges. Ägypten hatte Mitte der Fünfziger die Hinwendung zur UdSSR vollzogen. (Foto © Unesco/Saving Abu Simbel temple)

Die gewaltigen Felsstatuen wurden unter Aufsicht einer italienischen Firma, die auf Marmorschneidearbeiten spezialisiert war, in über 1000 einzelne Felsblöcke zerlegt. Dabei war besondere Vorsicht geboten, denn der nubische Sandstein ist weich und neigt zu Brüchen und Rissen (Foto © Unesco/Saving Abu Simbel temple)

Um einen möglichst originalgetreuen Eindruck zu erzielen, wurde auch die Natursteinkuppe, die den ursprünglichen Tempelfelsen überragte, an neuer Stelle nachgebildet. (Foto © Unesco/Saving Abu Simbel temple)

Die Tempel wurden abgebaut, gelagert, transportiert und 65 m oberhalb ihrer ursprünglichen Position und 280 m nach hinten versetzt wieder aufgebaut. Auch ihre ursprüngliche Ausrichtung auf die Planeten und die Sonne wurde beibehalten. Die Tieflader stammten von Scheuerle. (Foto © TII Scheuerle)

In den UNESCO-Büros wurde damals heftig darüber debattiert, ob die 36 Millionen Dollar, die der Erhalt der Tempel kostete, nicht besser für die Bekämpfung der Armut ausgegeben worden wären. (Foto © Saving Abu Simbel temple)

Bagger, Kräne, Planierraupen und Motorpumpen wurden über tausende von Kilometern herangefahren. An der Aktion waren letztlich sechs Firmen beteiligt. Dazu schütteten die Arbeiter zunächst einen 360 Meter langen provisorischen Damm auf, um die Tempel vor dem Nilwasser zu schützen. Rund um die Tempel trugen die Arbeiter mehrere hunderttausend Tonnen Gestein ab. Die Tempelräume wurden mit Stahlstelen verstärkt, die die Erschütterungen abfangen sollten.
Den weichen Sandstein, aus dem der sitzende Pharao, seine Mutter, seine Frau und einige seiner Kinder (er soll 100 Söhne gehabt haben) herausgehauen wurden, hatten die Ingenieure durch Kunstharz-Injektionen stabilisiert. Die Fassaden der Tempel wurden mit Wüstensand zugeschüttet, um sie vor dem herabstürzenden Gestein zu schützen. Erfahrene Marmorschneider aus Carrara, entsandt von der italienischen Baufirma Impregilo, leiteten den Zuschnitt der imposanten Sandsteintempel. Der Tempel wurde in Quader zerlegt und im Schritttempo abgefahren. Im Oktober 1965 verlor Ramses II. zunächst sein Gesicht und später seine Beine. Ein Riesenkran hob das Antlitz des Pharaos aus dem Fels und setzte ihn auf die Scheuerle-Tiefladeanhänger.

Die Flut kommt

Das Projekt stand unter erheblichem Zeitdruck, denn der Staudamm wuchs und die Wassermassen stiegen, im November 1965 drohten sie, den provisorischen Schutzdamm zu überspülen. Die großen Pumpen liefen ununterbrochen, um eindringendes Sickerwasser abzupumpen. Am 4. Januar 1966 setzten die Bauingenieure den ersten Stein des Tempels an seinen neuen Platz, man versuchte, nicht nur die Figuren, sondern auch den Felsen originalgetreu nachzubilden. Die Menschen im alten Ägypten hatten den Tempel so positioniert, dass zwei Tage im Jahr die Sonne auf die Stirnwand schien. Und genau diesen Effekt sollte auch dieses Kulturdenkmal am neuen, höher liegenden Standort aufweisen.
Nach einem Jahr Millimeterarbeit waren die Tempel aus dem Niltal verschwunden. Wenige Wochen später überflutete das Wasser des Assuan-Stausees das Areal und verwischte damit die letzten Spuren der Tempel von Abu Simbel – den Pharao Ramses einmal als »Haus der Ewigkeit« hatte bauen lassen. Im Ganzen wurden 24 Pharaonen-Bauten vor dem steigenden Pegel des Nasser-Stausees bewahrt.

DIE LETZTE FAHRT DER U17

Es liegt in der Natur der Sache, dass ein U-Boot a.) selten zu sehen ist und b.) schon gar nicht an Land. Wenn das denn doch der Fall sein sollte, ist es entweder gestrandet – ganz schlecht – oder auf der Werft. Und dann kann man es normalerweise auch nicht sehen. Und selbst wenn man es sehen könnte: Das ginge nur an Küste oder Meer – auf jeden Fall nicht im Kraichgau, hunderte von Kilometern von jedem Marinestützpunkt entfernt.

Das ging nur im Fall des ehemaligen U-Boots der Bundesmarine U17, das nach der Ausmusterung 2010 vor dem Verschrotten bewahrt, vom Technikmuseum Sinsheim übernommen und von der Spedition Kübler an Land geschafft wurde. Offiziell ist das U-Boot der Klasse 206A eine Dauerleihgabe der Wehrtechnischen Studiensammlung des Bundesamtes für Ausrüstung, Informationstechnik und Nutzung der Bundeswehr (BAAINBw), doch tatsächlich wird es nie wieder abtauchen können.

Jede Reise beginnt mit dem ersten Schritt

Bereits 2023 gelangte das ausgemusterte U-Boot von der Kieler Förde überwiegend auf dem Wasserweg nach Speyer zum Technikmuseum Speyer. Die vier Kilometer lange Strecke vom Naturhafen Speyer auf das Gelände des Technikmuseums legte das U-Boot auf 30 Scheuerle-InterCombi-Achslinien mit insgesamt 240 Rädern zurück, der bis dato wohl längsten starren Plattformwagenkombination auf öffentlichen Straßen in Deutschland. Der Zwischenstopp war nötig, da die Experten des Technikmuseums Speyer U17 von den tonnenschweren Batterien und Tauchgewichten befreien mussten. Erst nach Abschluss der vollständigen Entmilitarisierung (begonnen hatte diese bereits auf einer Kieler Werft) im Sommer 2024 war U17 ausgehfein.

Ein U-Boot auf Achse

Das Team der Spedition Kübler beförderte die aufsehenerregende Ladung zu Lande dann weiter, einmal mehr an zahlreichen Hindernissen vorbei. Der Transport war ein heikles Unterfangen, denn der zu Lande bis zu 90 Meter lange und zehn Meter hohe Verbund musste unter tiefen Brücken und Hochspannungsleitungen hindurch – und auch noch die engen Straßen des hügeligen Kraichgaus bewältigen. Damit U17 unter den Hindernissen hindurch gelangte, musste es mithilfe einer speziellen Vorrichtung immer wieder um 70 Grad und mehr um seine Längsachse gedreht werden. Dadurch legte sich der Turm innerhalb weniger Minuten zur Seite und die Höhe des Transports verringerte sich auf das erforderliche Durchfahrtsmaß – das hatte noch nie jemand auf einem Plattformwagen versucht.

Die erste Etappe der letzten Reise erfolgte im Schubverband wieder auf dem Wasser und führte auf einem Flussponton auf Rhein und Neckar von Speyer über Mannheim nach Haßmersheim. Sowohl das Auf- als auch das Abfahren des insgesamt rund 500 Tonnen schweren Transports auf den schwimmenden Ladungsträgern waren ein Balanceakt, bei dem der 66 Meter lange und 11,5 Meter breite Ponton ständig neu nivelliert werden musste, um die sich stetig verändernde Belastung auszugleichen. Das dauerte etwa drei Stunden. Zuvor aber hatten die Teams von Kübler, Fischer Kran Transporte, Van der Wees und die Techniker der Museen Sinsheim Speyer den Veteranen mit acht Hydraulikzylindern auf 1,4 Meter Höhe aufbocken müssen, um mit den Achslinien das U-Boot für den finalen Landgang unterfahren zu können. Auch hier war das präzise Ausbalancieren von Ponton und Achslinien entscheidend für den Erfolg der Mission und die Strömung des Neckars eine besondere Herausforderung dabei. Vorsichtig tastete sich der modulare Plattformwagen über Rampen auf den Ponton und unter U17 und anschließend wieder Zentimeter für Zentimeter mit der Ladung an Land.

Sightseeing mit einem U-Boot

Das U-Boot an Land zu schaffen war das eine, der Straßentransport das andere. Denn die idyllische Kraichgaulandschaft im Nordwesten Baden-Württembergs zieren sanfte Hügel, schmale Sträßchen und verwinkelte Ortsdurchfahrten: Dass die Industrialisierung um dieses Fleckchen Deutschlands eher einen Bogen gemacht hat, ist nicht zuletzt auch an der Verkehrsinfrastruktur abzulesen.

Natürlich aber gibt es nicht nur enge Kurven, Kehren und einige Verkehrsinseln, sondern auch den einen oder anderen größeren Betrieb. Einer davon, ein Zementwerk bei Neckarmühlbach, bescherte dem Team die erste große Herausforderung: die Unterquerung eines Zement-Förderbandes. Dazu musste U17 zum ersten Mal auf dem Tieflader in der speziellen Drehvorrichtung hydraulisch geneigt werden – was nach der Generalprobe auf dem Wasser auch zu Lande gelang. Danach ging es über Bad Rappenau über die voll gesperrte Autobahn

U17, der neue Star im an Attraktionen nicht armen Technik Museum Sinsheim, ist ein U-Boot der Klasse 206A, hat eine Länge von etwa 48 Metern, einen Tiefgang von 4,6 Metern und verdrängt getaucht etwa 500 Tonnen. Der Ausbau von Batterien, Tauchgewichten und dergleichen drückte das Trockengewicht auf rund 350 Tonnen. Der Konvoi war gut 90 Meter lang. Mit einer Höhe von zehn Metern stellten Brücken und Unterführungen ein besonderes Problem dar, daher musste eine spezielle Drehvorrichtung entwickelt werden, um das Boot zur Seite neigen zu können. (Foto © Technik Museen Sinsheim Speyer)

Auf seiner vierwöchigen Fahrt von Speyer nach Sinsheim legte der 350 Tonnen schwere Koloss im Juli 2024 rund 50 Kilometer auf der Straße zurück. Dabei mussten zahlreiche Ortschaften passiert, diverse Brücken und Stege unterfahren sowie zwei Bahngleise überquert werden. (Foto © Technik Museen Sinsheim Speyer)

Die vorletzte Etappe der Reise von U17 führte zunächst 123 Kilometer übers Wasser von Speyer nach Haßmersheim, wo der Koloss an Land bugsiert wurde. Das dauerte drei Stunden, danach ging es auf der Straße weiter. (Foto © Technik Museum Sinsheim Speyer)

in Richtung Sinsheim. Auch hier musste U17 noch einmal gedreht werden, so dass der U-Boot-Turm keine Hochspannungsleitungen berührte. Um über die Autobahnauffahrt Sinsheim/Steinsfurt abzufahren, musste der Konvoi auf die Gegenfahrbahn wechseln und die letzten fünf Kilometer als Geisterfahrer mit höchstens Tempo 15 zurücklegen. Vor der Bahnlinienüberquerung kurz vor Ittlingen verneigte sich das maritime Museumsstück ein letztes Mal, um unter den Oberleitungen hindurchzukommen. Anschließend machte sich der Tross auf den Weg in die Ortsmitte und sorgte dort erneut für ein Spektakel. Im Zentrum der Gemeinde schlängelte sich der Schwerlasttransport nur wenige Zentimeter an Häuserfassaden vorbei, Überfahrbleche schützten Erdreich und gepflasterte Straßen. Im Sinsheimer Stadtteil Hillsbach wartete als letzte Engstelle eine knifflige Kreuzung im Ortskern, wo U17 nur um Zentimeter zwischen einer Kirchenmauer und einem Wohnhaus vorbeiglitt. Danach hatte der Transport nach einer anspruchsvollen Serpentinenfahrt, bei der kurzerhand noch einige Verkehrszeichen weichen mussten, einen großen Auftritt auf dem Gelände der TSG Hoffenheim.

Transport auf modularen Plattformwagen

Der Landtransport erfolgte auf Plattformwagen mit drei Metern Breite und einer Plattformhöhe von 1,19 Meter. Durch die Möglichkeit, die Module längs und quer zu koppeln, sind auch schwerste Transporte auf öffentlichen Straßen möglich. Im Falle der U17 wurden die Scheuerle-Achslinien als Anhängerkombination genutzt, könnten aber auch als Sattelzug oder als SPMT – dann mit angesetztem Antriebsmodul – eingesetzt werden.
Auf dem letzten Kilometer bis zum Technikmuseum Sinsheim begleiteten Tausende Schaulustige den Schwertransport. Sie begrüßten das Boot mit tosendem Beifall, während der Kübler-Scheuerle-Konvoi die letzte Kurve auf das Museumsgelände nahm und das Exponat vor seinem künftigen Stellplatz parkte. Dort warteten Museumsdirektor Hermann Layher und der Oberbürgermeister der Stadt Sinsheim, und dort finden es ab Sommer 2025 auch die Museums-Besucher. Das Kraichgau und das Technikmuseum Sinsheim sind ist nun wieder um eine gewichtige Attraktion reicher, und die Schwergutlogistiker haben einmal mehr bewiesen, dass man mit dem richtigen Equipment und der richtigen Planung auch mit einem U-Boot verreisen kann.
(Mit Material von TII Scheuerle)

AUSSERGEWÖHNLICHE SCHWERTRANSPORTE

10.000 TONNEN ROLLEN LOS

Mithilfe von insgesamt 300 Scheuerle SPMT Achslinien hat China Shipping Vastwin Project Logistics einen Komplex aus fünf Gebäuden um 600 Meter versetzt. Die schwerste Struktur darunter wog 10.000 Tonnen. Damit stellte der Schwergutlogistik- und Ingenieursdienstleister gleich drei Rekorde auf: der Transport des schwersten und höchsten Gebäudes, die Umsetzung über die weiteste Strecke und die Bewältigung der größten Höhendifferenz.

Windräder, Trafos, Maschinenteile, Schiffssektionen – schön und gut und für Schwerguttransportprofis beinahe schon Alltagsgeschäft, aber letztlich Stückwerk: Denn in manchen Fällen stehen tatsächlich ganze Häuser im Weg, die weder abgerissen noch zerlegt werden sollen. Für solche unteilbaren Lasten reichen konventionelle Mittel kaum mehr aus, was die Findigkeit der Logistiker und Transportspezialisten auf eine harte Probe stellt.

Bekanntermaßen gibt es für Gewichtsbereiche, in denen selbst die zugkräftigsten Einheiten an ihre Grenzen stoßen, modularen Selbstfahrer. Und gleich 300 Scheuerle SPMT-Achslinien wurden benötigt, als die China Shipping Vastwin Project Logistics einen Komplex aus fünf Gebäuden versetzen musste.

Auch wenn dabei die Schwergutlogistiker gleich drei Rekorde aufstellten, so ganz neu war die Aufgabe nicht: Immer wieder müssen in China historische Gebäude versetzt werden, um dem Umweltschutz gerecht zu werden. Bereits im Jahr 2022 bewegte Sinotrans Heavy-Lift Co. mit 254 SPMT-Achslinien und 15 PPUs (Power Pack Units, ebenfalls von Scheuerle) ein 7.500 Tonnen schweres Hotel, wobei die ungleiche Gewichtsverteilung des asymmetrischen, 90 Meter langen und 20 Meter hohen Gebäudes auf der 500 Meter langen Strecke die größte Herausforderung bedeutete.

Doch der im Dezember 2023 durchgeführte Transport eines Ensembles aus fünf historischen Gebäuden des Ningxia Saishang Jiangnan Museums im Norden des Landes toppte diesen Rekord ein weiteres Mal, denn die prächtigen und wertvollen Häuser mussten der Auenlandschaft am Gelben Fluss weichen.

Durchgeführt durch den Schwergutlogistiker und Ingenieursdienstleister China Shipping Vastwin Project Logistic, ein Tochterunternehmen der Staatsreederei China Ocean Shipping Group (Cosco), mussten die fünf Gebäude, jedes als Ganzes, um 600 Meter versetzen und dabei obendrein einen Höhenunterschied von drei Meter bewältigen. Darunter das Hauptgebäude mit einem Gewicht von 10.000 Tonnen sowie zwei Nebengebäude mit je 2.000 Tonnen Gewicht sowie ein Torbogen und eine Stellwand mit je 1.000 Tonnen Gewicht. Für den Transport des 43 Meter hohen und 36,9 Meter langen und 31,5 Meter breiten Hauptgebäudes waren, neben den 300 Achslinien, auch zehn PPUs nötig. Insgesamt brachte es der schwerste Einzeltransport auf 11.450 Tonnen. Das Hauptgebäude war damit das schwerste und höchste Ladegut, das bislang in China und vermutlich auch weltweit bewegt wurde.

(Mit Material von TII Scheuerle)

Elektronisch gekuppelte Transportmodule von TII Scheuerle kamen 2022 zum Einsatz, um den aus Umweltschutzgründen notwendig gewordenen Standortwechsel dieses 7500 Tonnen schweren Hotelgebäudes durchzuführen. (Foto © TII Scheuerle)

Im Dezember 2023 mussten in China fünf historische Gebäude verlegt werden. Der gesamte Komplex sollte um 600 Meter zur Seite rücken. Das gelang nur durch den Einsatz von SPMTs, von Selbstfahrmodulen, die von TII Scheuerle stammten. Im Bild das größte der Gebäude, Gewicht 10.000 Tonnen. (Foto ©TII Scheuerle)

EIN AIRBUS FÜR DAS KSK

Paule schafft es mit seinen Schwerlasttransporten immer wieder in die News-Sparte der Daimler Truck AG. Die weinroten SLT der Schwerlastspedition wickelten zum Beispiel auch im Januar 2019 den Transport eines 90 Tonnen schweren Airbus-Rumpfes von Estland aus in den Schwarzwald ab.

Paule setzte dabei eine, zeitweise auch zwei Actros SLT ein. Und auch wenn normalerweise kein Verbund aus schiebenden und ziehenden Einheiten zum Einsatz kam: Ein beeindruckendes Schauspiel war der nächtliche Vorbeiflug des A 320-214 mit sechzig Metern Länge und fünf Metern Breite allemal.
Der aufsehenerregende Transport des Flugzeugrumpfes dauerte rund elf Tage. In Tallinn/Estland war der Airbus im Rahmen der Pilotenausbildung bei einer Bruchlandung 2018 schwer beschädigt und nach Deutschland verkauft worden.
Mit dem Ro-Ro-Schiff »Bore Sea« ging es über die Ostsee zum Lübecker Seelandhafen. Dort übernahm Von dort aus waren noch 948 Kilometer zurückzulegen. Der Schwertransport benötigte drei Nächte, um über Hamburg, Magdeburg, Nürnberg und Stuttgart in den Nordschwarzwald zu gelangen. Zweimal musste der Airbus-Schwertransport die Autobahn wegen zu niedriger Brücken verlassen. Dazu fuhr der Actros SLT von der Autobahn auf eine Nebenstraße, wo der Fahrer den langen Zug rückwärts fahren musste, um über die andere Fahrtrichtung wieder auf die Autobahn einzufahren.
Zur Entladung wurde eine zweite Actros SLT-Maschine benötigt. Auf einem engen und steilen Waldweg zogen die Doppelpack-SLT den Airbus zu seinem neuen Standort auf den Übungsplatz des Kommandos Spezialkräfte in Calw. Dort dient der Airbus künftig als realitätsnahes Trainingsobjekt für die Sicherheit von Flugpassagieren.

Der Rumpf wurde in Lübeck entladen und dann über eine Strecke von 950 Kilometern in den Nordschwarzwald gebracht, zum Heimatstützpunkt des KSK, der »Kommando Spezialkräfte« der Bundeswehr. (Foto © Hersteller)

TECHNIK,
DIE GESCHICHTE
SCHREIBT